数学故事专辑

中国科普名家名作·典藏版

荒岛历险

数学历险故事

中国少年儿童新闻出版总社
中国少年儿童出版社
北京

图书在版编目（CIP）数据

荒岛历险（典藏版）/ 李毓佩著. —北京：中国少年儿童出版社，2011.6（2025.3 重印）
（中国科普名家名作·数学故事专辑）
ISBN 978-7-5148-0190-3

Ⅰ. ①荒… Ⅱ. ①李… Ⅲ. ①数学－少儿读物 Ⅳ. ①01-49

中国版本图书馆 CIP 数据核字（2011）第 062320 号

HUANGDAOLIXIAN （DIANCANGBAN）
（中国科普名家名作·数学故事专辑）

出版发行：中国少年儿童新闻出版总社
中国少年儿童出版社

执行出版人：马兴民
责任出版人：缪　惟

策　　划：薛晓哲　　著　　者：李毓佩
责任编辑：薛晓哲　常　乐　　责任校对：杨　宏
装帧设计：缪　惟　　责任印务：厉　静
插　　图：杜晓西

社　　址：北京市朝阳区建国门外大街丙 12 号　　邮政编码：100022
总 编 室：010-57526070　　发 行 部：010-57526568
官方网址：www.ccppg.cn

印刷：北京盛通印刷股份有限公司

开本：880mm × 1230mm　1/32　　印张：9
版次：2011 年 6 月第 1 版　　印次：2025 年 3 月第 34 次印刷
字数：190 千字　　印数：495001—503000 册

ISBN 978-7-5148-0190-3　　定价：25.00 元

图书出版质量投诉电话：010-57526069　电子邮箱：cbzlts@ccppg.com.cn

荒岛历险

荒 岛 历 险

飞机失事了

国际中学生奥林匹克数学竞赛每年举行一次，这可以说是一次世界级的小数学家的聚会和较量。

第一届国际中学生奥林匹克数学竞赛，是1959年在罗马尼亚的首都布加勒斯特举行的。当时只有苏联、匈牙利等7个国家参加，到1981年已达21个国家，参赛国家逐年增多。1986年7月，在波兰的首都华沙举行了第27届国际中学生奥林匹克数学竞赛，中国派代表团正式参赛，取得了很好的成绩。有3名同学获得一等奖，1名同学获得二等奖，1名同学获得三等奖，团体总分名列第四。

今年的国际中学生奥林匹克数学竞赛在美国华盛顿举行，中国又派了一个实力强大的代表团参赛，决心夺取团体冠军。参赛同学都是由高中学生组成，可是代表团刚到美国，一名参赛学生

突然病倒，病情很重，不能参加比赛了。主教练黄教授非常着急，给中国数学会发了急电，指名叫初二学生罗克急飞美国首都华盛顿参赛。

罗克何许人也？一个初中二年级的学生，为什么会得到黄教授的青睐？

罗克是初中二年级的学生是千真万确的。他13岁，一米八○的个头，细高挑，由于长高不长宽，显得身体比较单薄。他长有一对"招风耳"，对他瘦高的身材来说，这对耳朵十分显眼，同学们给他起了一个外号叫"比杆多耳"，叫起来很像外国名字，实际意思是"比电线杆子多长两只耳朵"。拿这个外号去对照罗克其人，真是惟妙惟肖！

罗克偏爱数学，老师课上讲的代数、几何知识已满足不了他对数学的渴望。他自学数学，大量做题，真可谓"饭可一日不吃，数学题不可一日不做"。由于他刻苦攻读，外加名师指点，数学水平提高很快。他曾获全市初中数学竞赛第一名。他被特许参加全市高中奥林匹克数学比赛，又勇夺冠军。他的数学才能被黄教授看中，破例吸收他为"数学奥林匹克国家集训队"预备队员。由于参赛的正式队员有病，国家队的主教练黄教授急令罗克速速飞往华盛顿。

罗克接到命令，赶忙收拾行装。数学会的负责人和罗克的父母把他送上飞机，他向送行的人匆匆挥手，心早已飞向了赛场。

大型客机在万米高空平稳地飞行。罗克无心向舷窗外眺望，心里总想着这次国际比赛。天渐渐黑了，吃罢空中小姐送来的点心和饮料，罗克眯着双眼，斜躺在座椅上似睡非睡。

突然，机身剧烈地抖动，罗克和其他乘客被这突如其来的抖动惊醒。飞机在急剧地下降，机长的声音从扩音器中传出：

“各位乘客请注意：飞机突然出现了故障，已失去控制。我们正采取迫降的手段。但是，什么事情都可能发生，请各位乘客系好安全带，听从我的指挥。”

飞机下降得越来越快，乘客们紧张极了，有的尖声哭叫，有的祈祷上帝，有的闭眼等死……罗克心里想的却只有一件事：不能及时赶到比赛地点怎么办?

“轰”的一声巨响，眼前一片火光，罗克失去了知觉。

也不知过了多久，罗克闻到一股异香，香味十分强烈，一个劲儿往脑子里钻，使他不得不睁开双眼。

罗克睁开眼睛一看，自己已经不在客机里了，而是在一间很大的茅草房子里，躺在一张藤床上。

一位满头白发的老人坐在罗克的旁边，拿着一株不知名的香草给他闻。老人见罗克睁开了双眼，高兴地拍打着双手，嘴里说着一种听不懂的语言。在这位老人的招呼下，一下子来了许多人，有年轻人、有老人、有妇女，也有小孩。他们的皮肤呈棕红色，不管男女一律穿着裙子。也许由于天气热，男子都赤裸着上身，身上刺着五颜六色的花纹。花纹形状奇特，有的像花，有的作鸟兽状，线条十分清晰。

罗克回想刚才发生的一切，明白是飞机失事了，是这些人救了自己，白发老人又用香草把自己熏醒。罗克想坐起来向老人致谢，可是稍一活动，身上就疼痛难忍，白发老人赶紧把他按倒在床上，摆摆手，示意他不要起来。

罗克开始在这个不知名的地方，在不知名的白发老人的照料下养伤。在养伤期间，罗克和白发老人通过手势了解到，飞机在下落过程中解体了，机上人员绝大部分掉进海里，下落不明，只有他一个人落到了这个岛上。

在白发老人的精心照料下，罗克的身体恢复得很快，他可以下床到外面走动了。茅草房外面是海滨，高大的椰子树、洁白的沙滩、蔚蓝色的大海，景色美极了。

罗克在白发老人陪伴下，沿着沙滩慢慢地散步。可是，每当罗克想起自己不能按期赶到华盛顿，参加第31届国际中学生奥林匹克数学竞赛，就十分焦急。

这时，一个拿着长矛的年轻人急匆匆跑了过来，对白发老人说了些什么，白发老人点点头，拉着罗克的手急匆匆地走了。

神秘的部族

白发老人拉着罗克来到一间很大的茅草屋前，门口有持长矛的士兵守卫。走进茅草屋，正中一排五把椅子，上坐五名强壮的男子，两旁站着持长矛的士兵，气氛十分严肃。

白发老人向坐着的五个人行了一个礼，然后退步走出屋子。紧跟着，从外面走进来一个年轻人。年轻人先向五个人鞠了一个躬，回过身来，用英语和罗克对话。

年轻人用英语问：“罗克，你的伤好些了吗？”

听到年轻人叫自己的名字，罗克一愣，亏得罗克英语很好，一般对话不成问题。

罗克用英语回答：“噢，伤基本上好了。请问，你怎么知道我叫罗克？”

年轻人笑了笑说：“你从飞机上掉了下来，不省人事。我们从你的上衣口袋里找到了一张电报纸，知道你是中国人，叫罗克，是飞往华盛顿参加中学生国际数学竞赛的。”

“噢，太好啦！”罗克激动地叫了起来，“你能不能帮我赶到

华盛顿？我是代表国家去参加比赛的，如果到时候赶不到比赛现场，那可怎么办哪！”说着罗克都要掉出眼泪来了。

年轻人赶忙安慰说：“罗克，你不要着急，我们会想办法让你去参加比赛的。认识一下吧，我叫米切尔，你现在处于神圣部族的保护之下，一切都不要害怕。”米切尔紧紧握住罗克的手。

神圣部族、米切尔这些陌生的名称，使罗克感到新奇。

罗克问：“什么时候让我去华盛顿？”

“来得及。”米切尔说，“我们神圣部族救了你一条命，对你有恩。你有恩不报，拍拍屁股就走，这合适吗？”

“嗯……可是我怎样报答你们呢？”罗克摊开双手，一副无可奈何的样子。

米切尔说：“你小小年纪就能参加国际数学比赛，想必绝顶聪明，请你帮助我们部族解几个难题。我想，你这位善于解答数学难题的小数学家，也同样能解决别的难题。你看，这个忙你是能够帮的吧？”

事到如今，罗克也只好硬着头皮答应下来。

“好！”米切尔高兴地拍了一下罗克的肩头说，“你先来帮助我们解决第一个难题吧！”

罗克问：“第一个难题是什么？”

“看！”米切尔一指坐在椅子上的五个人说，“我们神圣部族历来都只有一个首领，前些日子老首领得急病突然去世了，死前连话也说不出来，只是用手指了指前胸。老首领去世后，这五个人都声称自己是老首领的继承人，都说老首领活着的时候，曾跟他谈过，指定他为继承人，可是谁也没有证人。”

罗克挠了挠头说：“这可怎么办?”

米切尔摇了摇头说：“这事情确实不好办。大家商量的结果是，先让五个人暂时都当新首领，遇重大问题由五个人投票解决，少数服从多数。”

罗克笑了笑说：“幸亏是单数，如果是六个人，难免出现三比三的局面，那就难办了!”

米切尔十分认真地说：“你能否帮助我们部族判断出哪个是真正的新首领?”

“这个……”罗克可真有点犯难，心想我根据什么来判断真和假呢?

罗克一言不发，认真思考这个难题。突然，罗克说：“你们神圣部族的每一个男人身上都刺有花纹吗?”

“是的，”米切尔说，“每一个男孩在过满月的时候，就由首领亲手给他前胸刺上花纹。每人的花纹都不一样，花纹中隐藏着首领对这个孩子的希望和寄托。”

罗克问：“这么说，首领希望谁将来成为他的继承人，也隐藏在他所刺的花纹中喽?”

米切尔点点头说：“你说的对极啦！可是，老首领去世得太突然，没有来得及说出新首领前胸花纹的特点。”

“临死前，他用手指了指前胸，意思是秘密就藏在前胸的花纹中。”罗克到此完全明白了。

罗克提出，要把这五名自称继承人胸前的花纹临摹下来。米切尔点头表示同意。罗克依次描下五个人胸前的花纹，从左到右如下图：

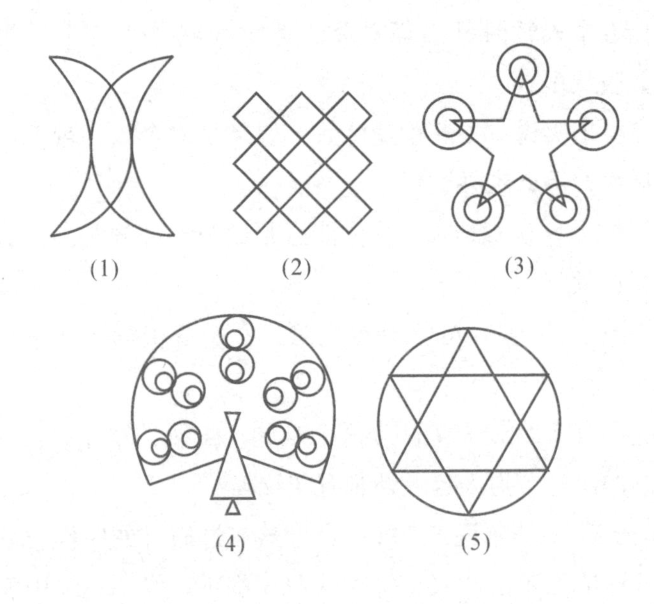

(1)　(2)　(3)　(4)　(5)

突然，坐在椅子上的五个男子都站了起来，冲着罗克大声喊叫一阵，把罗克吓了一跳。罗克问米切尔：“这些人喊什么？”

米切尔解释说：“他们叫你仔细、认真地研究这些花纹，如果弄错了，他们饶不了你！”

“知道，用不着对我大声吼叫！”罗克说完就认真研究这五个图形。

过了好一会儿，米切尔问：“怎么样？有点眉目没有？”

罗克指着这些图形说：“你看，这些图形都是一笔画出来的。也就是说，笔不离开纸，笔道又不重复地一笔把整个图形画出来。”

米切尔问：“你怎样判断出这是一笔画？”

“根据点来判断。”

“根据点来判断？”

“对，从这些图形中，你可以看出点分为两类，如果有偶数条线通过这个点，这个点叫偶点；如果有奇数条线通过这个点，这个点叫奇点。”罗克说着在纸上画了几个点，A、B、C 为偶点，D、E、F 为奇点。

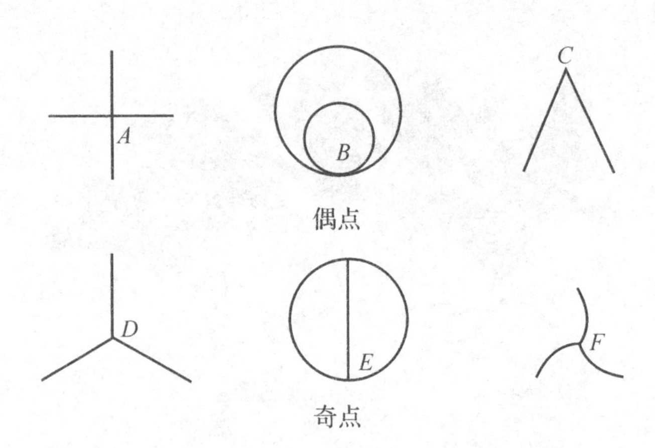

罗克接着说："18 世纪瑞士数学家欧拉发现：如果一个封闭的图中，没有奇点（0 个）或只有 2 个奇点，那么这个图可以一笔画出来。奇点个数不是 0 或 2，这个图就不能一笔画出来。你来数一数，这五个图形中各有几个奇点。"

米切尔非常认真地在五个图形中寻找奇点。他先看了图(1)，说："一共有 8 个点，都是偶点，也就是奇点数为 0，按欧拉定理，图(1)可以一笔画出来。"

接着米切尔数出图(2)有 24 个偶点，0 个奇点；图(3)有 30 个偶点，0 个奇点；图(4)有 25 个偶点，2 个奇点；图(5)有 12 个偶点，0 个奇点。

罗克点点头说："你数得很对。你还记得去世的老首领胸前的图形吗?”

“记得。老首领胸前的图形非常简单。”米切尔说着就画出一个三角形和它的高线。

罗克猛地一拍大腿说:“这就没错了!”

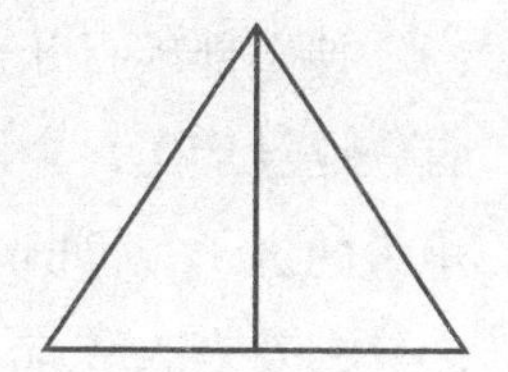

可是米切尔还蒙在鼓里,他问:“怎么就没错了?”

“你看,老首领胸前的图形有 2 个奇点。这样看来,一般男人胸前的图形有 0 个奇点,只有首领继承人胸前的图形有 2 个奇点。”罗克非常肯定地说,“刺有孔雀图形的人是新首领。”

“嘘……”米切尔示意罗克不要说出来。他小声对罗克说,“你现在千万别说,不然会有生命危险,等一会儿召开全族代表会议,你再宣布答案。”

“好的。”罗克满口答应,可是一回头,看见坐着的五个男人个个都瞪大了眼睛,正虎视眈眈地看着他,吓得他出了一身冷汗。

罗克突然想起一个问题,他问:“我说英语,代表们能听得懂吗?”

米切尔笑了笑说:“我们这个海岛是旅游胜地,其实人人都会说英语。不过,近来为了恢复本部族的语言,一般不让说英语。在全族代表会议上你尽管用英语讲好啦!”

继承人引起的风波

神圣部族召开全族代表会议，有五十多名代表参加。由于新首领还没产生，会议由救治过罗克的白发老人主持。五个自称继承人的男子，仍旧坐在上面的五把椅子上。

白发老人先向代表讲了几句，又对坐着的五个男子讲了几句，最后冲罗克点了点头。

米切尔说："老人叫你向大家宣布谁是新首领，你只管大胆地讲，不用害怕。"

罗克轻轻地咳嗽了一声，清一清嗓子，想使自己镇定一下。罗克向前走了一步对代表们说："各位代表，据我的研究，这五位继承人胸前的花纹是不一样的。其中四位继承人的花纹，可以从一点出发，一笔把整个花纹都勾画出来，而又回到原来的出发点。但是，只有一位继承人的花纹特殊，这个特殊花纹也可以一笔勾画，可是它不能回到原出发点，只能从一点出发到另一点结束。"

一位代表站起来问："从一个点勾画和从两个点勾画，与谁是真的继承人有什么关系呢？请这位小数学家不要把问题扯得太远啦！"

"我并没有把问题扯远。"罗克镇定地说，"不知各位代表注意了没有，你们各位的胸前都刺有花纹，但是，你们刺的都是普通花纹，只有首领和首领的继承人的花纹特殊，是从一个点开始，到另一个点结束。”

第一个继承人，也就是胸前刺有两个半月形的继承人，坐不住了。他站了起来，指着罗克大声说：“什么一个点两个点的。你把我们五个人的花纹都画一遍，看看到底谁的花纹特殊!”

“对，你给我们画画看，画不出来我们可饶不了你。”其余四个继承人也随声附和。

看来，不画是不成了。罗克要来一张纸，一支笔，按顺序画了起来。

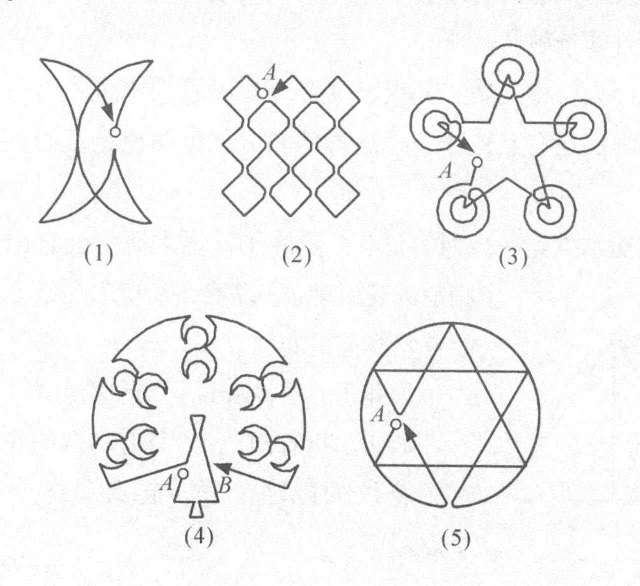

(1) (2) (3) (4) (5)

尽管罗克的图形画得不太好看，他把这些花纹是如何一笔画出来的，却一清二楚地表示出来了。

等罗克把五个图形都画完，白发老人点了点头说：“不用这位小数学家宣布了，我已经知道谁是真正的继承人了。”说完白发老人缓步走到刺有孔雀开屏图案的第四个继承人面前，用力拍打他的肩膀说：“乌西，你是我们部族的新首领。让我们向新首领致敬！”说完，白发老人跪倒在地，双手并拢，手心向上，把脸贴在手心上，向新首领致敬。接着其他代表以同样的礼节向新首领致敬。

余下的四个自称继承人的年轻人，前三个人离开了座位跪倒在地，向新首领致敬，唯独第五个人坐着不动。

白发老人怒视着第五个人，厉声问道：“黑胖子，你为什么不向新首领致敬?”

这个人长得又矮、又黑、又胖，他撇着大嘴说：“乌西胸前花纹的画法是有点特殊，画法特殊怎么就证明他是真的首领接班人呢?”

米切尔抢先一步回答说：“黑胖子，你大概不会忘记老首领胸前的花纹吧。”说着，米切尔在纸上画了已故首领胸前的花纹。

黑胖子点了点头说：“是这样。”

米切尔指着图说：“只有乌西的花纹和老首领花纹的画法一样，起点和终点不是一个点。”

黑胖子摇了摇头说：“什么一个点、两个点的，关键在于怎么画。老首领的花纹，我照样可以从一个点开始，而到同一个点终止。”

米切尔回头问罗克这有可能吗？罗克笑了笑说：“你让他画一个试试。”

黑胖子拿起笔满有信心地在纸上画了起来。他先从三角形的左下角开始画，画了一半就停止了［图(1)］；他接着沿另一条路线画，结果画了一个三角形，可是高线画不出来［图(2)］；他从底边中点开始画，虽然把整个图形一笔画了出来，但是起点和终点却是两个点［图(3)］。

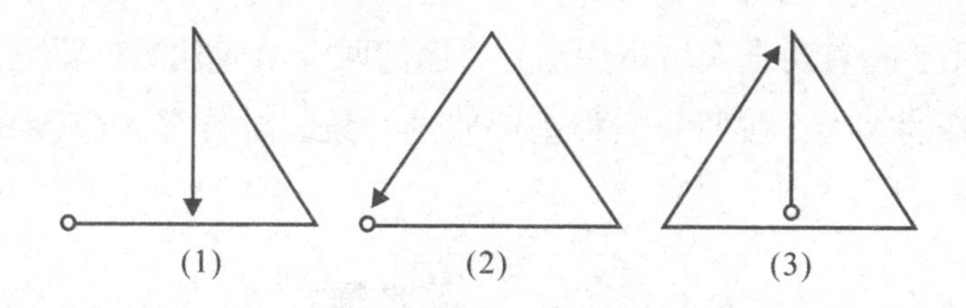

黑胖子画了半天，摇摇头说：“果然画不出来，我服啦!”说完向乌西跪倒，向新首领致敬。

白发老人看到问题已经解决，非常高兴。他准备召开全部族会议宣布新首领继位，组织全部族人民向新首领致敬。突然，从外面闯进两个人来，一个长得又高又大，皮肤黑中透亮，赤裸着上身，身上净是疙疙瘩瘩的肌肉块，往那儿一站犹如一座黑铁塔；另一个长得又矮又瘦，皮肤呈棕色，鼻子上还架着一副眼镜，他赤裸的上身和鼻子上的眼镜显得十分不协调。

黑铁塔右手向前一举说：“慢！听说你们要宣布乌西为部族的新首领，又听说决定乌西为首领继承人的是什么数学家罗克，我来看看这位数学家长得什么模样。”

当米切尔把罗克介绍给黑铁塔时，黑铁塔仰天哈哈大笑。他说：“我总以为数学家是个满头白发的老教授，谁想到是个乳臭未干的毛孩子，你们在听他胡说八道哪！”

戴眼镜的小个子也摇晃着脑袋说：“首领是全部族的主心骨。首领要文武全才，文能治国，武能安邦，不知乌西老弟有没有这份能耐？”

两个人还想说下去，忽听“啪”的一声，白发老人拍案而起，用手指着两个人厉声说道：“你们两个给我住嘴！罗克是从天而降的客人，按照我们神圣部族的传统，对待客人应该真诚、

热情；乌西是我们确认的新首领，对首领应该尊重、信任。你们两个怎么能胡言乱语！”

“这……”两个人看到白发老人动了真气，都低下头不再说话。但是，从他们的面部表情来看，两人都十分不服气。

“嗯——”白发老人长出了一口气说，“当然啦，你们对确认谁是真正的首领继承人的做法，有什么疑问，可以提出来。不过，一定要好言好语，不许恶语中伤！”

戴眼镜的小个子细声细气地对罗克说：“尊敬的数学家罗克先生，我十分佩服你在很短时间内，就解决了谁是真首领的问题。我们神圣部族的许多人对你的判断还很怀疑。不过，我有一个消除怀疑的好办法。”

白发老人在一旁说：“有什么好办法，你只管说，用不着转弯抹角的。”

“好的，好的。”戴眼镜的小个子从口袋里掏出一张纸，递给罗克说，“听说你是中国人，我非常敬仰你们古老的国家。贵国清代的乾隆皇帝你一定听说过，他曾给大臣纪晓岚出过一个词谜，现在就写在这张纸上。如果你能把这个词谜的谜底在10分钟内答出来，我们就不再怀疑你的才华了。”

罗克看到纸上有用中文写的词：

下珠帘焚香去卜卦，
问苍天，侬的人儿落在谁家？
恨王郎全无一点真心话。

欲罢不能罢，
吾把口来压！
论文字交情不差，
染成皂难讲一句清白话。
分明一对好鸳鸯却被刀割下，
抛得奴力尽手又乏。
细思量口与心俱是假。

罗克心想：这个戴眼镜的小个子可够厉害的。他拿中国的古代词谜来考我，不但考我的智力，还考我古文学习得如何，真可谓“一箭双雕”啊！罗克过去还真没见过这个词谜，要抓紧这10分钟的时间，一定要把它猜出来！

罗克在紧张地琢磨着，戴眼镜的小个子在看着表，他嘴里还不停地数着：“还有4分钟、还有3分钟……”当他数到还有1分钟时，罗克说：“我猜出来啦！是中国汉字数码一二三四五六七八九十。”

听了罗克的答案，戴眼镜的小个子微微一愣，接着似笑非笑地说：“说说道理。”

罗克说：“这是用减字的方法来显示谜底的，因此，每一句话中的字不是都有用的。比如第一句话‘下珠帘焚香去卜卦’中，与谜有关的只有‘下’、‘去卜’三个字。‘下’字去掉‘卜’字不就剩下‘一’字了吗？

“对，对。”白发老人点头说，“说得有理啊！”

罗克接着说：“第二句中‘侬的人儿落在谁家’，是说‘人’不见了，‘问苍天’中的‘天’字没了‘人’字，就是‘二’；

“由于古代中国的‘一’，也可以竖写成‘1’，所以第三句中‘王’无‘一’是‘三’；

“罢字的古代写法是罷，‘罷’字去掉‘能’字就是‘四’；

“‘吾’去了‘口’是‘五’；

“‘交’不要差，差与叉谐音，意思是指‘×’，‘交’字去掉下面的‘×’就是‘六’；

“‘皂’字去掉上面的‘白’字是‘七’；

“‘分’字去掉了‘刀’是‘八’；

“‘抛’字去掉了‘力’和‘手’是‘九’；

“‘思’去了‘口’和‘心’是‘十’。

“你看我解释得有没有道理?”

听完罗克的解释，在场的所有代表一齐鼓掌，一方面称赞罗克的聪明机智，另一方面也佩服中国汉字的神奇。

戴眼镜的小个子摇晃着脑袋说："这个小数学家果然聪明过人，佩服、佩服！"

白发老人见戴眼镜的小个子不说什么了，又问黑铁塔："你还有什么要说的吗？"

黑铁塔摇了摇头，并指了指戴眼镜的小个子，说："他说没有就没有，我一切听他的。"

白发老人见大家没有异议，就正式宣布乌西为新的首领，全部族欢庆三天。

罗克见真假继承人已经解决，就对米切尔提出，要赶赴华盛顿参加数学比赛。米切尔笑了笑说："不忙，你刚刚帮助我们解决了第一个问题。我们还有更重要的问题等着你解决呢！"

"啊！还有问题哪！"罗克听了不免心头一紧。

珍宝藏在哪儿

罗克问米切尔说："还有什么重要问题？"

米切尔小声对罗克说："事情是这样的……

"一百多年前，E 国殖民主义者的军舰驶进了我们这个岛国。军舰上的大炮猛烈轰击岛上的居民、设施，我们神圣部族的人民死伤无数。当时我们部族的首领一面指挥大家抵抗，一面把神圣部族的珍宝埋藏起来。

“土制的弓箭难以阻挡枪炮的进攻，E 国军队登陆并很快占领了整个岛国，我们的老首领带领一群战士和侵略者进行了殊死战斗，终因寡不敌众，全部壮烈牺牲。侵略者的军队在岛上大肆屠杀，我们神圣部族有五分之四的居民被杀害。

“由于 E 国军队不服本岛的水土，得病死亡的很多，没待多久就撤了出去。经过这一百多年的繁衍生息，我们神圣部族又兴旺起来了。但是我们的老首领把部族的珍宝藏到了哪儿，始终是个谜！我们想请你帮助解开这个谜，找到这份珍宝。”

找到一百年前埋藏的珍宝，这真是个有困难又新鲜的工作。罗克问：“老首领留下什么记号和暗示没有？”

“有。”米切尔说，“老首领在一个岩洞的内壁上，画了几个图形和一些特殊记号。”

罗克又问：“经过了一百多年，也没有人能认出这些图形和记号是什么意思？”

米切尔说：“我们的老首领是个非常了不起的人。他年轻时曾独身一人驾着小船到外国旅游和学习，一去就是十年。他特别喜欢数学和天文，回岛后向神圣部族的青年人普及数学和天文知识，很受青年人的欢迎。”

珍宝、图形、记号、数学爱好者……这一切对罗克都有很强的吸引力。罗克要求米切尔立刻带他去那个岩洞，看看老首领留下的图形和记号。米切尔点了点头，领着罗克悄悄离开了屋子，直奔后山走去。

山不是很高，山上长满了许多叫不出名来的热带植物，在阳光照耀下显得格外青翠。罗克跟在米切尔的后面，向山里走去。转了几个圈儿，在草丛中发现了一个很小的洞口，如果不仔细去找，很难发现这个洞口。

罗克跟着米切尔钻进洞口，里面却很大，像一个大厅，可容纳一百多人。米切尔用手电筒照着洞壁上的图形，看不太清楚，又点亮了一个火把。

第一组图形是九个大小不同的正方形，每个正方形上都写着一个数字，它们分别是1、4、7、8、9、10、14、15、18。

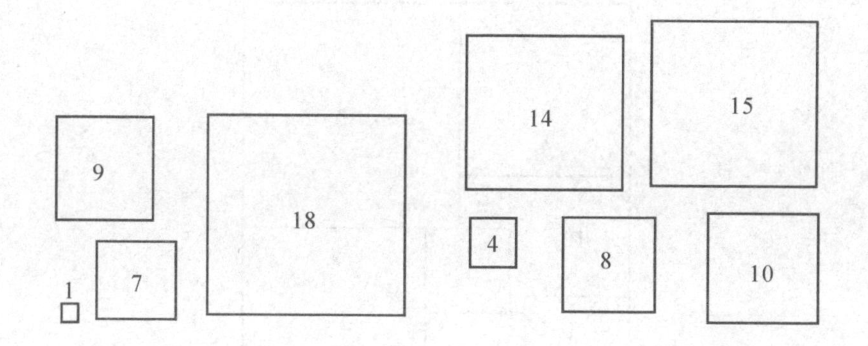

九个正方形下面写着一行字：

用这九个正方形拼成一个长方形。走出洞口向前走等于长方形的长边那么多步。向右转，再走短边那么多步，停住。

罗克看着正方形上的数字自言自语地说："正方形上的数字肯定代表它的边长。"说完罗克动手测量上面写着 9 的正方形，它的边长果然是 9 分米。

米切尔说："我们也猜想这些数字代表边长，可是我们怎么也拼不出长方形来。"

罗克说："我曾在一本书上看到过一个结论：数学家证明了用边长各不相同的正方形，拼出一个长方形，最少需要九个。少于九个是拼不成长方形的。我来拼拼试试。"说完，罗克用纸剪出几个小正方形，在地上拼起来。不过，他不是胡乱地拼，而是一边拼一边算，没过多久，罗克在地上拼出一个大的长方形。

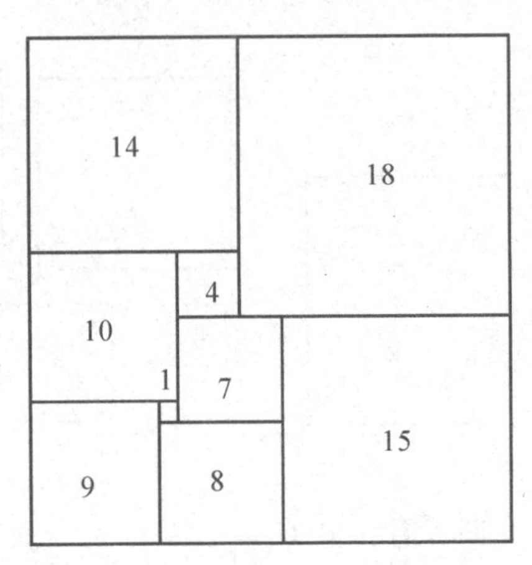

“我拼出来啦!”罗克高兴地说，“拼出这个长方形的长边是33，短边是32。”

米切尔兴奋地说：“埋藏珍宝的地点是——出了洞口先向前走33步，向右转，再走32步。”

罗克点点头说：“对，就是这么回事！我们再来看第二组图形。”

第二组图形是一个大的正方形。正方形被分成十六个小正方形，其中有九个方格画有黑点，还有七个空白格。

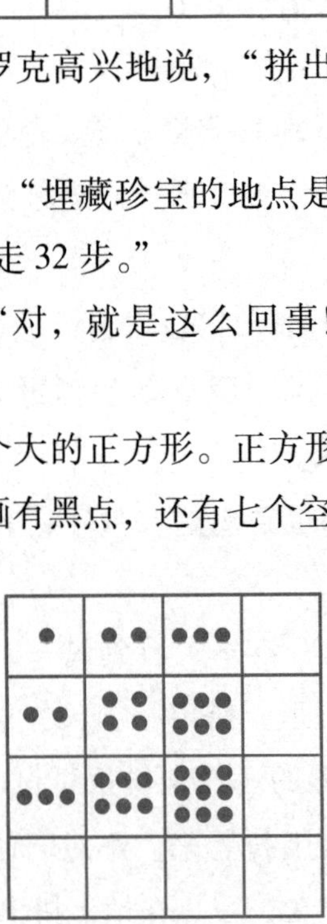

大正方形的下面写着一行字：

有七个方格的黑点子我没有来得及画。把所有的方格都画上黑点子，再把所有的黑点子都加起来得一数 m。向下挖 m 指长，停止。

米切尔解释说："指长是指成年人的中指长，这是我们部族常用的长度单位。过去我们也研究这个图，总搞不清楚这七个空格里应该画多少个黑点子。"

"让我想一想。"罗克拍着脑袋说，"这黑点子的画法是有规律的。你看，这最上面一行的点子数，从左到右是1、2、3，下一个应该是4。同样道理，最左边一行的点子数，从上到下也应该是1、2、3、4。"

米切尔点点头说："说得有理。可是其他方格就不好画了。"

罗克指着图说："这条对角线上的点子数也是有规律的，它们都是完全平方数，$1^2=1$，$2^2=4$，$3^2=9$，$4^2=16$。"说着，罗克把三个方格画上了黑点子。

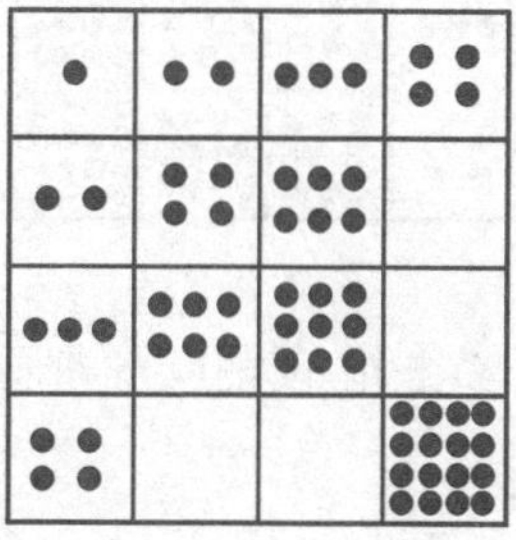

米切尔竖起大拇指夸奖说："不愧是数学家，这数字关系一眼就能看出来。"

罗克摇摇头说："别开玩笑，我一个中学生和数学家一点不沾边！"

米切尔望着图说："剩下的四个方格就难画喽！"

"也不难。"罗克指着图说，"你仔细观察就能发现，中间方格的黑点子数恰好等于最上面方格黑点子数和最左面方格黑点子数的乘积。"

米切尔有些不信，亲自动手算了一下：

$2\times2=4$，$2\times3=6$，$3\times2=6$，$3\times3=9$。

"哈，一点不差！我也会画了。最下面一行的两个方格应该画 8 个和 12 个黑点子，最右面的两个方格也一样。"米切尔把余下的四个方格也画上黑点子。

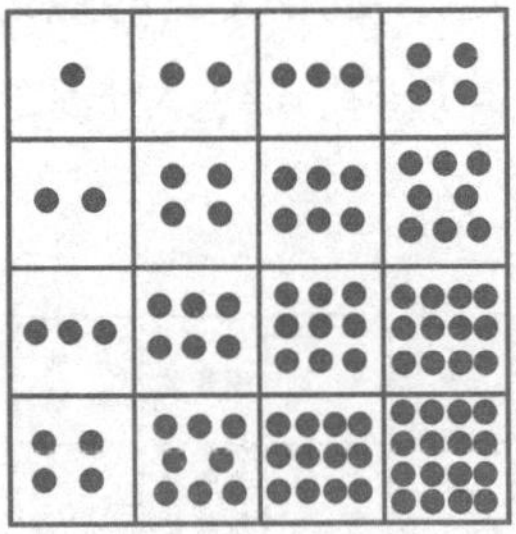

米切尔高兴地说："方格的黑点子都画满了，咱们加起来就成了。"说着就要做加法。

"不用去一个一个地加。"罗克阻拦说，"我已经算出来了，等于100。”

米切尔惊奇地问：“哟！你怎么算得这样快？”

“我是采用经验归纳法得出的。”罗克写出几个算式：

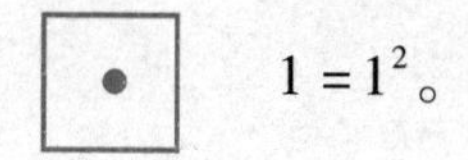

$1 = 1^2$。

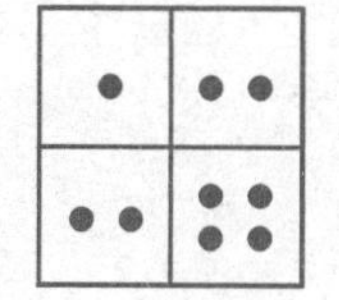

$1 + 2 + 2 + 4 = 9 = 3^2$。

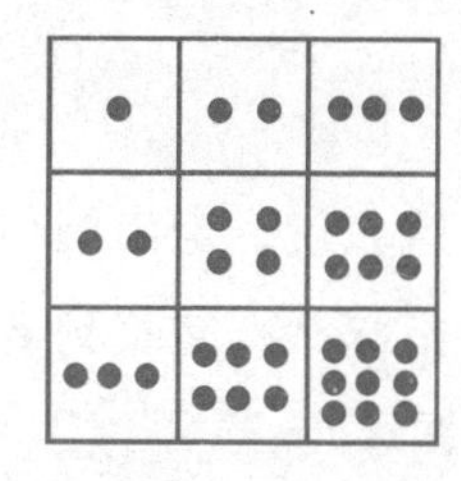

$1 + 2 + 2 + 3 + 3 + 4 + 6 + 6 + 9$

$= 36 = 6^2$。

罗克说：“十六个方格的黑点子加在一起，一定是10的平方，因此是100。”

米切尔摇摇头说：“为什么不是8的平方、9的平方，而一定是10的平方呢？”

罗克说：“你把最左面所有方格的黑点子加在一起就会明白的。”

米切尔心算了一下，随后一拍脑袋说：“噢，我明白了，底数恰好等于最左边所有方格黑点子数的总和：$1+2+3+4=10$，所以以 10 为底。”

罗克又画了一个图说：“这样一拆，就可以得到连续的立方数。”

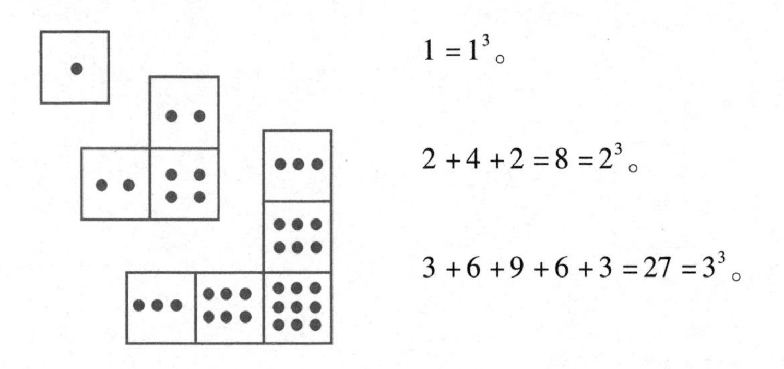

$1=1^3$。

$2+4+2=8=2^3$。

$3+6+9+6+3=27=3^3$。

“真有意思。”米切尔把话锋一转说，“这么说，走出洞口再向前走 33 步，向右转走 32 步，向下挖 100 指深，就能找到老首领埋藏的珍宝了。太好啦！赶快报告给新首领乌西。”

突然，从洞口处扔进一块石头，“啪”的一声将火把打灭。米切尔赶紧打亮手电筒，忙问：“谁?”外面无人回答，接着又飞进一块石头，将手电筒打灭。米切尔一按罗克的肩头，低声说：“趴下!”两个人赶快趴到了地上。洞里漆黑一片，只听到从洞口传来“噔噔噔”的脚步声。

米切尔和罗克爬起来快步冲到洞口，只见 50 米外的草木乱动，已不见人影。

罗克说："咱们快追！"

"慢！"米切尔拦住罗克说，"此人投石技术高超，追过去，他在暗处，我们在明处，我们要吃亏的！"

罗克忙问："你说怎么办？"

"先回去向乌西首领报告。"说完拉着罗克就往回跑。

绑　架

米切尔和罗克正向乌西首领所在的大茅屋跑去，突然，脚下被什么东西绊了一下，"扑通"一声，罗克首先摔倒在地，接着米切尔也摔倒了。罗克回头一看，是一条长绳把他俩绊倒的。

"不许动！"随着喊声，从树后跳出两个蒙面人，他们手里各持一把尖刀，其中一个又高又胖，另一个又矮又瘦。高个儿用绳子把米切尔捆了，矮个儿把罗克捆了。他们推推搡搡，押着米切尔和罗克向右边一条小路走去。

米切尔一边走一边大声叫道：“黑铁塔，你不要以为把脸蒙上，我就认不出你了！你为什么绑架我们?”

“黑铁塔?”罗克心想，“那个高个儿的是黑铁塔，这个矮个儿一定是戴眼镜的小个子啦！今天他为什么没戴眼镜？我来试试他的眼力。”罗克发现前面有半截树墩。罗克成心从树墩上迈了过去，跟在后面的矮个儿却没看见，“扑通”一声，被树墩绊了一个嘴啃泥。

“哈哈。”罗克笑着说，“他是黑铁塔，你一定是戴眼镜的小个子喽！怎么不戴你的眼镜？白白摔了一跤。”

小个子从地上爬了起来，拍了拍身上的土，从口袋里掏出眼镜架在鼻子上，推了一把罗克，示意他继续往前走。又走了一会儿，前面有一间小茅草房，两个蒙面人把罗克和米切尔推了进去。

两个人收起了尖刀，去掉蒙面布，果然是黑铁塔和戴眼镜的小个子。这两个人都能讲流利的英语。

戴眼镜的小个子笑了笑说：“二位受委屈了。米切尔，你在千方百计寻找一百年前老首领埋藏的珍宝，我和黑铁塔也一直在寻找这份珍宝。咱们明人不说暗话，谁能得到珍宝，谁就是神圣部族的真正主宰者，谁就是这个岛国的真正主人。”

米切尔愤怒地责问：“你把我和罗克绑架到这儿，究竟想干什么？”

小个子用手扶了扶眼镜说：“罗克是中国人，他不能知道我们神圣部族的秘密。不然的话，他把这个秘密张扬出去，国外的一些好财之徒必来抢夺，会给我们部族招来灾难。”

米切尔反驳说：“珍宝的秘密一百多年来谁也没有揭开，是罗克帮助我们揭开了这个谜。”

“对，对。”小个子连连摆手说，“罗克是帮了很大的忙，你们俩在山洞里的谈话，我和黑铁塔在外面听得一清二楚。你们计算的结果，就是出洞口向前走 33 步，向右转走 32 步，下挖 100 指深，我们也知道啦！”

“不可能！”米切尔不相信小个子的话，他说，“洞口离我们说话的地方那么远，我们俩说话的声音又很小，你怎么可能听得见呢？”

“嘿嘿。”小个子笑了笑说，“前几个月，我们就把那个洞修整了一下，我们是利用了‘刁尼秀斯之耳’听到的。”

“什么是‘刁尼秀斯之耳’？”米切尔不懂。

小个子用手指了指罗克说：“不明白你去问数学家嘛！”

米切尔问：“罗克，你知道什么是‘刁尼秀斯之耳’吗？”

“知道。”罗克说，“在古希腊，西西里岛的统治者开凿了一个岩洞作为监狱。被关押在岩洞里的犯人，不堪忍受这非人的待遇，他们晚上偷偷聚集在岩洞靠里面的一个石头桌子旁，小声议论越狱和暴动的办法。可是，他们商量好的计划很快就被看守官员知道了。看守官员提前采取了措施，使犯人商量好的计划无法实行。犯人们开始互相猜疑，认为犯人中间一定出了叛徒，但是不管怎么查找，也找不到告密者。后来才搞清楚，这个岩洞不是随意开凿的，而是请了一位叫刁尼秀斯的官员专门设计的。他设计的岩洞监狱采用了椭圆形的结构，而石头桌子恰好在椭圆的一个焦点上，看守人员在另一个焦点上。这样，犯人在石桌旁小声议论的声音，通过反射可清楚地传到洞口看守人的耳朵里，后来就把这种椭圆形的构造叫做‘刁尼秀斯之耳’。”

小个子见米切尔没太听懂，就在地上钉了两根木桩 A 和 B，又找来一根绳子，将绳子的两端分别系在 A、B 两根木桩上。小个子又找来一根短棍把绳子拉紧，拉成折线，顺着一个方向画，画出来一个椭圆。

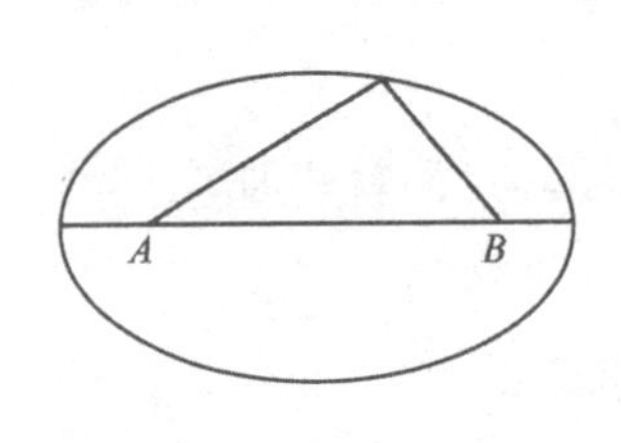

小个子说：“两根木桩所在的 A、B 两点就是椭圆的焦点。椭圆有一个重要性质：从一个焦点发出的光或声音，经椭圆反射，可以全部聚集到另一个焦点上。‘刁尼秀斯之耳’就是根据这个性质设计的，这一下你明白了吧！”

米切尔怒视小个子问道：“你打算怎么办？”

“怎么办？”小个子十分得意地说，“你和罗克先待在这儿，我和黑铁塔去挖珍宝。对不起，先委屈你们啦！黑铁塔，咱们快走！”小个子和黑铁塔急匆匆走了出去，从外面把房门锁上，“噔噔噔”一溜小跑去挖珍宝了。

罗克问：“怎么办？咱俩大声叫喊怎么样？”

“不成。这是猎人临时休息用的屋子，孤零零的，周围没人。”米切尔摇了摇头。

“难道咱们俩就在这儿干等着？”罗克有点儿着急。

“你过来。”米切尔趴在罗克耳朵上小声说，“咱们可以这样、这样……”罗克笑着点了点头。

话分两头，再说戴眼镜的小个子和黑铁塔去挖珍宝。他俩来到洞口，黑铁塔说：“出洞口先向前走33步，我来走。”说着黑铁塔迈开大步就往前走。

“慢！”小个子拦住了黑铁塔说，“你身高一米九〇以上，我身高不足一米六〇。你迈一步的距离和我迈一步的距离可就差远了。是你迈33步呢？还是我迈33步。”

“这个……”黑铁塔拍着脑袋想了一下说，“像我这么高的人不太多，而像你那么矮的人也不多见。我看可以这样办，我走33步停下，你也走33步停下，取咱俩位置的中点不就合适了嘛！”

“对，咱俩不妨试一试。”小个子说完就和黑铁塔走了起来。

两个人试了一次，向下挖了一个深坑，什么也没有；两个人再试一次，又挖了一个深坑，还是什么也没有。两个人左挖一个坑，右挖一个坑，一个下午足足挖了十几个坑，还是一无所获。眼看太阳就要落下去了，两个人坐在地上一个劲儿地擦汗。

突然，戴眼镜的小个子想起了米切尔和罗克还关在小茅屋里。他拉起黑铁塔就往小茅屋里跑，用钥匙打开屋门一看，屋里只剩下捆米切尔和罗克的两根绳子，人却不知所踪！

步长之谜

回过头来，我们再来说说罗克和米切尔是怎样逃脱的：

他俩被反捆着双手锁在小茅屋里。罗克十分着急，米切尔小声对罗克说："你过来，转过身去。"

罗克把身子转过去以后，米切尔就弯下腰，用牙去解绳子结。经过一番努力，捆罗克的绳子被解开了。两人把窗户打开，从窗户跑了出去。

到哪儿去？米切尔说应该去报告首领乌西。而罗克却主张先去山洞附近，看看戴眼镜的小个子是否把珍宝挖到了手。米切尔同意罗克的意见。两个人偷偷地向藏宝地点走去。

罗克和米切尔藏在一块大石头后面，看见戴眼镜的小个子和黑铁塔正在汗流浃背地挖坑，他俩挖一阵子骂一阵子，可是什么也没挖出来。

米切尔问罗克："他俩挖了那么多坑，为什么还找不到珍宝？"

罗克笑了笑，小声说道："他们俩总找不到藏珍宝的确切地点，所以到处瞎挖。"

"咦？"米切尔疑惑地问，"他俩不是知道向前迈多少步，再向右迈多少步吗？为什么还找不到准确地点呢？"

"关键在于一步究竟有多长。"罗克说，"规定一种长度单位是很费脑筋的。比如，三千多年前古埃及人用人的前臂作为长度单位，叫做'腕尺'。可是，人的前臂有长有短啊！于是在修建著名的胡夫大金字塔时，就选择了古埃及国王胡夫的前臂作为标准'腕尺'，这样修成的大金字塔的高度恰为280腕尺。"

米切尔听了觉得挺有意思，又问："过去有用步作长度单位的吗？"

"有啊！"罗克说，"我们中国唐朝有个著名皇帝唐太宗李世民。他规定：以他的双步，也就是左右脚各走一步作为长度单位，叫做'步'。又规定一步为五尺，三百步为一里。一百多年前，你们部族的老首领说'出洞口走33步'，不知他说的步以谁的为标准？"

米切尔也皱着眉头说："是啊！事情已过去一百多年了，谁知道当时是以谁的一步为标准，也许是以老首领他本人的一步为标准，但是老首领一步有多长谁也不知道，连老首领有多高也没

人了解。唉！看来这珍宝是找不到了。”

两个人都不说话了。沉默了一段时间，罗克突然想起了什么，他十分有把握地说：“老首领既然想把这批珍宝留给后人，他就不会留下一个谁也解不开的千古之谜。我敢肯定，老首领在山洞里一定留下了什么记号，标出一步究竟有多长。”

“你说得有理！走，咱俩再回山洞里仔细找一找。”米切尔说完，拉起罗克就走。正巧，这时戴眼镜的小个子和黑铁塔急匆匆地离开了这里，去小茅屋找罗克和米切尔。米切尔用树枝扎成火把，将火把点燃向洞里走去。

罗克小声说：“由于山洞里很黑，又由于时间上相隔了一个世纪，所以搜寻这些记号时要特别细心，不能遗漏任何一块地方。”

“放心吧！掉在地上的一根针，我们也要把它找到。”米切尔把火把举得很低，仔细寻找每一寸土地。

突然，在一个角落发现了几个比较浅的小坑，罗克激动地说：“米切尔，快来看这几个小坑！”

米切尔凑近了仔细一看，不以为然地摇了摇头，说：“这地上有许许多多小坑，有什么稀罕的？”

“不，不。”罗克把小坑上面的浮土用力向两边扒了扒说，“你看，这里是一大四小一共五个小坑，它们像什么？”

米切尔仔细看了看，一拍大腿说：“嘿！像人的五个脚趾，有门儿啦！”

两个人又在周围仔细寻找，果然又发现了同样的五个小坑。

米切尔说：“这一前一后的脚趾坑，正好是一步的距离。嘿！这一步可真够长的，有一米多长。”

罗克说：“如果这真是你们老首领的实际步长，他的个头足有两米高。”两人找到一根绳子，把这一步长记了下来。最后罗克又用手把土弄平，恢复了原样。米切尔熄灭了火把，悄悄走到洞口看了看，洞外没有人，他向罗克招了招手，两人爬出了洞口。

罗克问：“咱们现在就动手挖好吗?”

米切尔摆摆手说：“不行。小个子和黑铁塔回到小茅屋找不到咱俩，肯定要回到山洞来的。”

罗克拍了拍脑袋说：“咱们要想个办法，把他们俩引开才行。”

“怎样引法呢?”米切尔有点儿发愁。

罗克笑了笑说：“我有个妙法，叫做‘请君入瓮’。”

果然不出米切尔所料，戴眼镜的小个子和黑铁塔发现罗克和米切尔跑了，就急着往山洞赶，他俩害怕罗克和米切尔抢先把珍宝挖了去。

小个子对黑铁塔说：“看来，米切尔和罗克没敢回这儿来。”

黑铁塔大嘴一撇说：“我琢磨着他俩也不敢回来，如果再落到我们手里，一拳一个都把他们砸成肉饼!”说完两只大手用力一拍，“啪”的一声，声音震耳。

小个子无意中发现在洞口一块大石头上写着两行字，内容是：

米切尔：

我在山洞里发现了一个有关步长的方程，我很快就能解出来，请你赶快进洞来。

罗克

小个子对黑铁塔说：“你来看这两行字。”黑铁塔看完后非常高兴，喊道：“好啊！这两个小子钻进洞里解方程去了，咱们进去把他俩抓住！”说着拉起小个子就要往山洞里钻。

“慢！”小个子说，“罗克虽说年纪不大，但他是个数学家，不能小瞧了他。这会不会是罗克设下的圈套？”

黑铁塔把大嘴又一撇说：“一个小毛孩子会设什么圈套！你

这个人总爱疑神疑鬼的，净自己吓唬自己。”

小个子摇摇头说：“不可大意。依我看，咱俩还是一个进山洞，另一个在外面守着。”

“一个人进洞?”黑铁塔说，“你一个人进洞，你打得过他们两个人吗？如果你一个人爬进去，准叫他俩给收拾了。我一个人进洞是不怕他俩的，可是我又不会解方程，进去有什么用？你放心吧！有我保护，你准出不了事!”

黑铁塔也不管小个子是否同意，点燃了两支火把，硬把小个子拉进了山洞。进了山洞，连罗克和米切尔的影子都没看见。

小个子又有点疑惑，他不安地说：“怎么不见他们两个人呢?这中间有诈!”

“又疑神疑鬼！他们俩听见我黑铁塔来了，早吓得一溜儿烟跑了。咱俩快找那个方程吧!”黑铁塔说着举着火把到处找。没找多一会儿，真让黑铁塔找到了。在一块突出的大石头下面，用刀子刻着几行小字：

有一天我在林中散步，
一边走一边计算我的步长，
步数总数的$\frac{1}{8}$的平方步，
是向东走；
向西只走了 12 步，
我总共走了 16 米啊，

问我一步有多长？

小个子看完了摇摇头说：“这诗写得实在不怎么样，比起古代中国诗歌差远啦！”

“你管他诗写得好不好，快把步长算出来吧！”

“这个容易。”小个子把眼镜向上扶了扶说，“可以先求出他一共走了多少步。设总步数为 x，那么，总步数的 $\frac{1}{8}$ 的平方步就是 $\left(\frac{x}{8}\right)^2$，另外又向西走了 12 步，可列出方程：

$$\left(\frac{x}{8}\right)^2+12=x。$$

这是一个一元二次方程。可以把它先化成标准形式，然后用求根公式去解：

由 $\left(\frac{x}{8}\right)^2+12=x$，

整理，得 $x^2-64x+768=0$，

$$x=\frac{64\pm\sqrt{64^2-4\times768}}{2}$$

$$=\frac{64\pm32}{2},$$

$$x_1=48，x_2=16。$$

他可能走了 48 步，也可能走了 16 步。”

黑铁塔说：“小个子，你的数学还真有两下子！不过，到底

是走了48步呢，还是走了16步？”

小个子说：“按48步算，他每步只走0.33米，这步子太小；按16步算，每步恰好1米。像你这样大的个头，一步迈出1米是差不多的。”

“太好啦！”黑铁塔高兴地跳起老高说，“这回咱们拿着皮尺量，向前量33米，向右转再量32米，就能准确地找到藏宝地点。哈哈，珍宝就归咱们俩啦！”

小个子比较冷静，他说：“刚才距离量得不对，白让咱俩挖了半天。看来一步多长不掌握，是不可能找到准确的藏宝地点的。这就叫做‘差之毫厘，失之千里’呀！”说完与黑铁塔一起兴冲冲地向洞口走去。

怎么回事？洞口被人从外面用大石头给堵上啦！尽管黑铁塔力气很大，由于洞口太小使不上劲，黑铁塔用了很大力气，堵洞口的大石头纹丝不动。

小个子一拍大腿说：“唉！咱们上当啦！是罗克把咱俩骗进了山洞，他们用大石头从外面堵上，然后他俩就可以放心地挖珍宝啦！”

黑铁塔那股神气劲儿也没了，他低着头懊丧地说：“这山洞我进来不知多少趟了，从来没看见大石头上这几行字，显然，这字是罗克他们新刻上去的。”两个人没法出去，只好等人来救吧！

不错，这正是罗克设下的圈套，把小个子和黑铁塔骗进洞里，又用大石头从外面把洞口堵上。米切尔还不放心，又用一根大木头顶上。

米切尔笑着说：“黑铁塔纵有千斤之力，也休想推开这块石头。”

罗克拿着量好的绳子开始丈量距离，先向前量33次，向右转再量32次。罗克说：“好啦！这就是藏宝的准确地点。”

米切尔指着稍远处一个新挖的坑说：“好玄呀！差点让小个子挖着。”

两个人正要动手挖，突然跑来一个士兵，冲着他俩喊：“罗克、米切尔，首领乌西有要事找你们，叫你们俩马上就去！”

“啊，乌西首领找我们，莫非……”

首领出的难题

乌西首领在大茅屋里接见了罗克。由于还没和米切尔商量好，怎样向乌西汇报发现珍宝，所以，罗克没有讲发现埋藏珍宝的事。

乌西显得很高兴，他对罗克说：“为了庆祝我担任新首领，神圣部族要召开庆祝会。为了表示对全部族同胞的感谢，我想在我的座位前面，安排一个由16个人组成的方队，要求横着4行竖着4列。我想这16个人由这样四部分人组成：4个老人，4个青年，4个小孩，4个妇女。为了使4个老人能区分开，让他们扎不同颜色的腰围，有红色的、蓝色的、绿色的和黄色的。青年、小孩、妇女也扎这4种不同颜色的腰围，以示区别。”

罗克说：“你想的办法很好。”

“可是我遇到了一个难题。”乌西站起来边走边说，“我想把这个方队排得十分均衡。也就是说，每一行、每一列中都是由老人、青年、小孩和妇女组成，而且还必须每一行、每一列的4个人扎着不同颜色的腰围。我想这种排法四部分人就均衡了，4种颜色也分配均匀了，是十分理想的排法。可惜的是，我排了半天也没有排出来，想请你帮忙给排一排。”

罗克想了一下说：“好吧，我来排一下试试。”罗克要了一张纸，在纸上画一个正方形，又画出16个方格。罗克先沿着从左上方到右下方的对角线，把4个老人安排好。接着排上4个青年人，再排上4个小孩，最后把4个妇女排上。

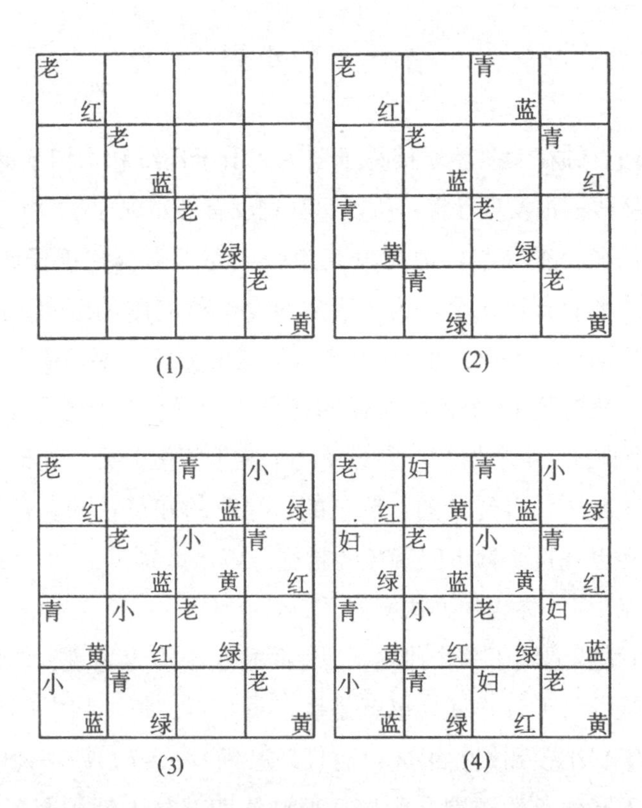

老 红			
	老 蓝		
		老 绿	
			老 黄

(1)

老 红		青 蓝	
	老 蓝		青 红
青 黄		老 绿	
	青 绿		老 黄

(2)

老 红		青 蓝	小 绿
	老 蓝	小 黄	青 红
青 黄	小 红	老 绿	
小 蓝	青 绿		老 黄

(3)

老 红	妇 黄	青 蓝	小 绿
妇 绿	老 蓝	小 黄	青 红
青 黄	小 红	老 绿	妇 蓝
小 蓝	青 绿	妇 红	老 黄

(4)

乌西看着罗克排出来的图一个劲儿地鼓掌，他笑嘻嘻地说："妙，妙！我看最妙之处是按规律去排，而不是瞎碰。"

乌西忽然心血来潮，他又问："如果我在方阵中再加一部分中年人，另外再加一种颜色——白色，由 25 人组成一个 5×5 的方阵，你能不能排出来呢?"

罗克点了点头说："可以排出来。"

乌西接着又问："如果再扩大一些，由36个人排成6×6的方阵，你能不能排出来？"

罗克心想，这位新首领会把方阵越扩展越大，问个没完。突然，罗克又想起戴眼镜的小个子和黑铁塔还堵在山洞里，时间一长，会不会憋死呢？

罗克灵机一动，对乌西说："首领，6×6的方阵我没排过，不知能不能排出来。不过，我听别人说，贵部族的戴眼镜的小个子能排出来，您不妨把他找来。"

乌西说："你说的是那个戴眼镜的小个子呀！他的大名叫杰克，人们都叫他小个子。他现在在哪儿？"

米切尔也很快就明白了罗克的用心，他抢先回答说："我看见小个子和黑铁塔向北面那个神秘山洞走去了。"

乌西笑了笑说："小个子总想解开藏宝的秘密，这个秘密已经一百多年了，谁也没能解开。小个子虽然人很聪明，数学也很好，但是想解开这个谜也很难。"乌西的话还没说完，就听屋子外面小个子在嚷嚷："我跟那个叫罗克的小孩没完。他下手也太狠了，把我和黑铁塔堵在山洞里，差点憋死！"

小个子和黑铁塔气势汹汹地走了进来。两边的卫兵喝道："这是首领的宝殿，怎敢大声喧哗！"两个人立刻就不吭声了，低着头站在一旁。

乌西问："小个子，出了什么事？这么大吵大嚷的。"

黑铁塔抢着说："首领，我们发现了秘密。"他刚说到这儿，小个子在他脚上狠命地跺了一脚，痛得黑铁塔"哎哟，哎哟"直叫。

小个子赶紧接过话茬说："是呀，我们发现了一个秘密，就是……就是……就是米切尔和罗克特别要好。"

"嗨！这算什么秘密呀！"乌西摇摇头说，"罗克说你会排6×6的方阵，请你给我排一排好吗？""什么，什么，6×6的方阵？"小个子给问愣了。

乌西就说自己原来想排4×4方阵，结果罗克给排出来了，5×5方阵罗克也排出来，只有这6×6方阵排不出来。后来又听说你小个子会排，就把你请来了，希望你不要给神圣部族丢脸哪！

小个子听完这个过程，心中暗暗叫苦。因为按神圣部族的规矩，首领叫你干的事，你不能轻易拒绝。小个子又偷偷看了罗克一眼，心里恨恨地说："好小子，你把我堵在山洞里不算，又给我出难题，叫我在首领面前丢人现眼，我跟你没完！"

乌西见小个子低着头半天不说话，就催促说："你快点排呀！"

"是、是。"小个子不敢怠慢，拿起笔用大写的英文字母 A、B、C、D、E、F 代表 6 种不同的人，用小写的英文字母 a、b、c、d、e、f 表示 6 种不同的颜色，开始在 6×6 的方格上排了起来。左排一个不成，右排一个也不成，一个小时过去了，小个子急得满头大汗，纸也用去了几十张，结果 6×6 方阵还是没有排出来。乌西有些不耐烦了，在场的其他人也都有点着急。

米切尔小声问罗克："你怎么很快就把 4×4 方阵排了出来，小个子也很聪明，他怎么排了这么半天还没排出来呢？"

"这里有个秘密。"罗克小声讲了起来，"18 世纪，欧洲有个普鲁士王国，国王叫腓特烈。有一年，腓特烈国王要举行阅兵式，计划挑选一支由 36 名军官组成的军官方队，作为阅兵式的先导。普鲁士王国当时有 6 支部队，腓特烈国王要求，从每支部队中选派出 6 个不同级别的军官各一名，共 36 名。这 6 个不同级别是：少尉、中尉、上尉、少校、中校、上校。要求这 36 名军官排成 6 行 6 列的方阵，使得每一行和每一列都有各部队、各级别的代表。"

米切尔惊奇地说："这和乌西提出来的 6×6 方阵非常相似。"

罗克笑了笑说："我也觉得奇怪，怎么能这样巧呢？可能当国王、当首领的都爱提这类问题吧！"

米切尔急切地问："后来呢?"

"嘘，小点声!"罗克眨了眨眼接着讲，"腓特烈国王一声令下，可忙坏了司令官，他赶快召来36名军官，按着国王的旨意，一连折腾了好几天，硬是没有排出这个6×6方阵来。"

米切尔又着急了，他说："排不出来，国王要怪罪司令官的!"

罗克点了点头说："是啊!司令官也非常着急，怎么办呢?当时，正好欧洲著名数学家欧拉在柏林。司令官就请欧拉给帮忙排一排，结果欧拉也排不出来。欧拉猜想这种6×6的方阵可能排不出来，后来，就把这种方阵起名叫'欧拉方阵'。现代数学已经证明：只有2×2的欧拉方阵和6×6的欧拉方阵排不出来。其他欧拉方阵都能排出来。"

米切尔笑着说："这么说，这种6×6方阵根本就排不出来!既然排不出来，你硬叫小个子排，这不是成心整人吗?"

罗克严肃地说："不是我成心整他。小个子想把你们祖先留下的珍宝占为己有，是不能让他得逞的!"

"说得对!"米切尔也点头表示同意。

乌西看小个子还没把6×6方阵排出来，就生气了。他一拍桌子站了起来，用手指着小个子说："你到底会不会排?说句痛快话!"

小个子害怕了，他擦了一把头上的汗，结结巴巴地说："虽……虽然我没排……排出来，可是我……我有个重要情况向您……您汇报。"

乌西一瞪眼睛说："什么重要情况?快说!"

谜中之谜

乌西叫小个子说出发现了什么重要情况。

小个子扶了一下眼镜，指着罗克和米切尔说："他们俩背着您，偷偷跑到北面那个神秘山洞，揭开了老首领留下来的藏宝的秘密。"

乌西和在场的人听到藏宝的秘密被揭开，都惊讶地瞪大眼睛。乌西唯恐听错，又追问了一句："这可是真的?"

小个子看到大家都十分惊奇很是得意，他又往下说："肯定是真的。可是罗克和米切尔并不想把这件事情告诉您，而想把珍宝挖出来两个人私分。"

乌西问："你有什么证据?"

小个子拉过把他从山洞解救出来的士兵说："这个士兵可以作证，他看到了罗克为了找珍宝在地上挖的几个大坑。"士兵点了点头，承认确有此事。

乌西立刻怒火上升，"啪"地一拍桌子，喝道："好个罗克，你空难不死，还不是我们神圣部族救了你。你恩将仇报，竟想私分我们祖宗留下的珍宝，真是可杀不可留。来人哪，把罗克架出去烧死!"

乌西一声令下，上来几名士兵，两个人抓胳臂，两个人抓腿，一下子把罗克举了起来。这样一来，可把米切尔吓坏了，他赶忙阻拦说："乌西首领，冤枉啊！根本不是那么回事。"

乌西根本不容米切尔解释，站起来指着米切尔说：“把这个见利忘义、吃里爬外的家贼也烧死！”说完立刻上来四名士兵，也像对待罗克那样，把米切尔高高举过头顶。八名士兵步伐整齐，一起向屋外走去。此时再看小个子，脸笑得都变了形。

眼看就要抬出屋了，罗克自言自语地说了一句话：“把我烧死，你们祖宗留下的珍宝就永远也别想找到喽！”

听了罗克这句话，乌西双眉往上一挑，大喊一声：“慢着！”又命令士兵把罗克和米切尔放在地上。

乌西走近罗克一字一句地说道：“如果你真的能把我们祖宗

的珍宝找出来，我可以免你一死，还将送你去华盛顿参加数学竞赛。如果你找不到这批珍宝，那可就必死无疑了。”

罗克眨巴眨巴眼睛说：“如果我不知道珍宝的秘密，小个子说的就全是假的。你按着假情报要杀死我，岂不是冤枉好人吗？”

乌西点点头说：“嗯，你说得有理。你现在就领我们去挖掘珍宝吧！”

两名士兵押着罗克走在最前面，乌西、米切尔、白发老人及士兵紧跟在后，小个子和黑铁塔以及一大群看热闹的人走在最后面，一大群人浩浩荡荡地向北面的神秘山洞走去。

由于罗克已经在埋藏珍宝的地方作了记号，所以很快找到藏宝的地点。乌西命令士兵向下挖了足有 5 米多深，发现一个陶瓷瓶子，士兵把这个陶瓷瓶子交给了乌西。乌西拿着这个普通瓷瓶直皱眉头，心想，这么个小瓷瓶能装多少珍宝？瓷瓶又这么轻，里面会装什么值钱的东西？

乌西打开瓷瓶往外一倒，金银珠宝没倒出来，飘飘悠悠只倒出一张纸条来。乌西急忙捡起来一看，上面写着几行字：

寻找珍宝的人：

你已经揭开了蒙在珍宝上的第一层面纱，我应当祝贺你！但是，我还不知道，你是我的后代子孙呢，还是外来入侵者？我不能把所藏珍宝贸然交给你，你还要接受我的考验。

在我们神圣宝岛的南端，是一望无际的沙滩。在沙滩中有一块奇特的、酷似人头的望海石，它是我们宝岛的象征。我们部族的渔民捕鱼归来，远远就可以看见这块望海石。望海石像亲人一样，翘首盼望着渔民的归来，望海石是永存的。

以望海石为圆心，以20步为半径画一大圆。找来100个人，让一个人站在正北的方向，其余人均匀地站在圆周上。把站在正北方向的人编为1号，然后依顺时针的方向编为2、3、4……99、100号。先让1号下去，又让3号下去，这样隔一个下一个，转着圈儿连续往下下，最后必然只剩一人。连接圆心（望海石）和这最后一个人的方向，就是埋藏珍宝的方向。你从望海石沿着这个方向走125步挖下去，就会发现宝藏！

忠于神圣部族的首领
麦克罗
1888年6月10日

“啊！埋藏珍宝的老首领叫麦克罗。”乌西非常兴奋，因为这张纸条揭开了这位百年前老首领名字之谜。

“走，到望海石去！”乌西一声吆喝，人群跟他向南部沙滩走去。

罗克远远就看见了那块突出的望海石，它是一块闪光的黑色石头，很像一个人的头像面朝着大海。

乌西站在望海石下对大家说：“我们要选出100个人来围成一个圆圈，从我这儿向外迈20步。嗯，一步有多大？这100个人怎样均匀排开？唉，这都是问题呀！”

白发老人对乌西耳语了几句，乌西点点头说：“不是大叔提醒我差点忘了，我们这儿有数学家罗克，请罗克帮助我们解决这个问题，大家说好不好啊？”

“好！”下面异口同声，接着又是一阵热烈的掌声。

盛情难却，罗克对乌西说：“好，我来解决这个问题。我一个人也不用，只给我一张纸、一支铅笔、一个圆规、一个量角器就可以了。”

“噢，这个简单。士兵，你快去给他拿这些用具。”乌西对罗克的做法不甚理解。

罗克先在纸上进行计算。乌西凑过去笑嘻嘻地说：“小数学家，你能不能边算边给我讲，让我也学点数学。”

“完全可以。”罗克对着围拢来的人群开始大声讲了起来，他说，“解决任何问题都要找出它的内在规律。如何去找它的内在规律呢？数学上常用的是‘经验归纳法’，就是从若干个具体的事例中归纳出一般规律。”

乌西两眼发直，一个劲儿地直摇头。罗克知道他没有听懂，接着说：“我们先从简单的情况入手研究。比如说不是 100 人围成一个圈，而是 4 个人围成一个圈。”

乌西一听说 4 个人，高兴了。他说：“4 个人就简单多了，连我都会做。4 个人编成号就是 1、2、3、4。按照要求，1、3 两号下去了，隔着 4 号，2 号又下去了，最后剩下的是 4 号。”“好极啦！完全正确。”罗克高兴地说，“你再算一下 5 个人一圈、6 个人一圈、7 个人一圈，最后剩下的各是几号？”

“好的。”第一次的成功给乌西带来了勇气，他一个接一个地算了出来。罗克把乌西算出的结果列了一个表：

一圈人数	最后剩下的号数
$4 = 2^2$	$4 = 2^2$
$5 = 2^2 + 1$	$2 = 1 \times 2$
$6 = 2^2 + 2$	$4 = 2 \times 2$
$7 = 2^2 + 3$	$6 = 3 \times 2$
$8 = 2^2 + 4$	$8 = 4 \times 2$

罗克说："我从这几个数可以归纳出一个一般的规律：如果原来有 $2^k + m$ 个人围成一个圆圈，按前面讲的办法一个一个下去，最后剩下的必然是 $2m$ 号。"

乌西着急的是找珍宝，他问："你找到的规律，对寻找珍宝有什么用?"

罗克回答说："有了这个规律，就可以不用真找 100 人围圆圈了，也不用真的去一次一次淘汰了，只要算一下就可以知道最后剩下的是几号。"

"真有那么灵?"乌西还是不太相信。

"我算给你看看。"罗克说，"100 写成 $2^k + m$ 形式是 $2^6 + 36$，所以 $m = 36$，最后剩下的必然是 $36 \times 2 = 72$ 号。"

乌西说："你具体给找出来吧!"

"可以。"罗克先画出一个大圆，定出正北方向。罗克说："把一个周角分成 100 份，每一份是 3.6°。72 号就占 72 份，以正北方向为始边，顺时针转动 259.2°，就停留在 72 号位置了；或者从正北方向开始，逆时针转动 100.8°，也同样可以到达 72 号的

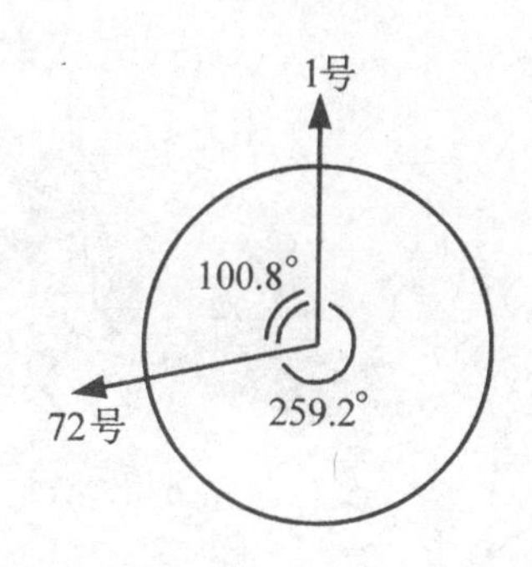

位置。”罗克利用这个方法在地面上找到了72号的位置，找到了埋藏珍宝的方向。他们从望海石开始，用罗克事先量好的小绳，这段小绳长恰好是老首领麦克罗的一步长。向岛内一共量了125次，量到了一点。乌西命令士兵向下挖，士兵挖了一米深，什么也没发现，又往下挖了一米，还是什么也没有！怎么回事？乌西急得一个劲儿地搓手，戴眼镜的小个子在一旁不断地冷笑，米切尔不断地看着罗克，而罗克却泰然自若，一点也不紧张。

乌西问罗克还要不要往下挖？罗克说不要再往下挖了。小个子幸灾乐祸地说：“我说首领，这小子成心骗您哪！”

乌西两眼一瞪，逼近罗克问：“你是在骗我？”

罗克笑了笑说：“纸上写走125步，并没有指明是向哪个方向走。既然向岛内方向走没有挖到，不妨再向岛外的方向走走看，因为从一点沿着一条直线走，总可以向两头走的。”

乌西略微想了一下，觉得罗克说得有理，于是命令士兵用罗克的小绳向岛外再量125次。士兵不敢怠慢，急忙向岛外丈量，

但是当丈量到 115 次时停止了，因为这时已经到了海边，再往外丈量就要走进汪洋大海了。

士兵来请示乌西，要不要走进海中丈量？乌西问罗克，要不要下海？罗克坚决地说，一定要量到 125 步！

看到罗克如此坚决，乌西下令继续往海里丈量。士兵只好涉水往前丈量，一直到 125 步为止，在终点插了一根标杆。在水中怎么挖呢？罗克叫士兵用石头和竹片围出一个圆圈，把圈中的水舀了出来。好在近岸处水并不深，十几名士兵一起动手，很快就筑起一个小堤坝，把水舀了出来。开始往下挖，挖了不到 1 米深，就碰到一件硬东西。士兵们小心翼翼地把这件东西挖出来，是一个大的陶瓷罐，把陶瓷罐的封口打开，里面装着满满的珍珠、钻石、黄金。

乌西和在场的人非常高兴，大家欢呼跳跃，乌西把罗克紧紧搂在怀里，连声道谢。

突然，一支乌黑的枪口顶在乌西的后腰上。一个人大喊："不许动！把珍宝全部交给我！"

派遣特务

正当乌西高兴时，一支手枪顶在他的后腰上，命令他把挖出来的全部珍宝都交给他。

乌西转过头来一看，惊讶地喊道："小个子杰克，你这是干什么？不要开玩笑！"

“谁和你开玩笑!”小个子冷冷地说，“两年前我回岛时，E国L珠宝公司就和我签订了合同。答应我如果能找到这笔珍宝，给我200万英镑的酬金，并让我当他们一个分公司的经理。我苦苦找了两年没找到，没想到小罗克帮了我的大忙，这真叫‘踏破铁鞋无觅处，得来全不费工夫’，我终于如愿以偿了，哈哈……”

小个子一阵狂笑过后，命令黑铁塔把罐子里的珍宝，全部装进一只帆布口袋中。黑铁塔背起口袋在前面走，小个子又掏出一支手枪，用两支手枪对着大家，倒退着走，直到消失在树林中。

乌西简直气疯了，他命令士兵立即向树林追击。十几名士兵拿着武器在树林里搜寻了半天，连小个子的影子都没找到。真怪，他们会跑到哪儿去呢?

乌西和在场的居民异口同声痛骂小个子和黑铁塔是叛徒，是部族的败类。

罗克问米切尔这到底是怎么回事?

米切尔叹了一口气说：“唉!我们神圣部族也不是和外界完全隔绝的。每年我们部族都要派遣几个聪明能干的人，到外国去做买卖。小个子很聪明，能说会道，我们部族常派遣他到外国做买卖。”

“噢，我明白了。”罗克说，“E国人早就知道你们的老首领麦克罗藏有一批珍宝，他们利用小个子在国外做买卖的机会收买了他，把小个子作为L珠宝公司的特务派遣回岛。”

“一点不错。”米切尔接着说，“小个子收买了身强力壮的黑铁塔，两个人狼狈为奸，要夺走这批珍宝！”

乌西哭丧着脸对罗克说：“小个子和黑铁塔把珍宝抢走了，还要请你帮忙找到他俩，把祖宗留下来的珍宝夺回来！”

罗克说：“小个子曾把神秘洞的洞壁修改成椭圆形，用以偷听我和米切尔的谈话。从这一件事就可以看出，小个子早就为夺取珍宝做好了一切准备。我一定尽我的力量抓到他。”

乌西命令米切尔协助罗克寻找小个子。为了防止万一，发给米切尔和罗克每人一支手枪，一场捉拿派遣特务小个子的战斗开始了。

罗克和米切尔走进了树林，发现这片树林并不大。树林后面是一座石头山，山腰上有许多大大小小的石洞。

罗克问：“这是座什么山？”

米切尔回答说：“这座山叫‘百洞山’，传说这座山有100个大小不等的山洞。”

罗克惊奇地问：“真有100个山洞？”

米切尔笑了笑说：“小时候，我常到这座山上玩，我也不信有100个洞。我和小伙伴来了个实地勘察，把洞逐个编上号。我们用了整整10天的工夫，把所有的山洞都编上号，一共是79个山洞。”

米切尔拉着罗克走进一个山洞，在这个山洞壁上，还可以清楚地看到刻在上面的数字“19”。

罗克高兴地说：“这是你们编的第19号山洞？”米切尔笑着点了点头。

罗克指着山洞说："我估计小个子和黑铁塔藏在某个山洞里。"

米切尔把袖口往上一撸说："干脆！咱俩从1号山洞开始，挨着个地搜查，总能把他俩抓到。"

"不成。"罗克摇摇头说，"这样搜查太慢，而且容易打草惊蛇。"

"你说怎么办好？"米切尔没有什么高招。

罗克问："这些山洞里有水吗？"

米切尔摇摇头说："山洞里虽然比较潮湿，但是没有水源。"

"嗯……"罗克想了一下说，"小个子在山洞里一定贮存了不少食品，但是饮水却不好贮藏。这山上泉水挺多，他们必然晚上出来打水。我俩趁机摸上去，把他们俩一举歼灭！"

米切尔不以为然地说："这倒是个好主意，只是山洞太多，又很分散，咱俩一个晚上只能盯住一个山洞，这么多山洞要盯到哪一天哪！"

"不，不。"罗克连连摆手说，"不能这样盯法。咱俩一个在山顶，一个在山底，这样视野就开阔多了。发现他们从哪个洞出来，及时向对方发信号，指明小个子是从哪号山洞里出来的，咱俩同时向这号山洞靠拢。"

"咱俩离那么远，喊话不成，拍手不成，怎么个联系方法呢？"米切尔还是有点发愁。

罗克想了一下，问道："百洞山的夜晚，经常有什么动物叫啊？"

“有猫头鹰和山猫。”米切尔说着就学起猫头鹰和山猫的叫声。罗克也跟着米切尔学，米切尔夸奖说，你学得还真像。

“我有个互相联系的好方法。”罗克在地上边写边说，“咱们采用二进制进行联系。二进制只有0和1两个数字，它的进位方法是‘逢二进一’。我列个对照表，你就全清楚了。”

十进位数	0	1	2	3	4	5	6	7	8	9	10
二进位数	0	1	10	11	100	101	110	111	1000	1001	1010

米切尔说：“我还弄不清楚，用二进制怎么个联系法。”

罗克耐心解释说：“用猫头鹰叫代表1，用山猫叫代表0。如果你听到我先学猫头鹰叫，再学山猫叫，最后又学猫头鹰叫，简单说是鹰——猫——鹰，写出相应的二进制数就是101，从对照表中可以查出是十进制数5，表示我看见小个子从5号山洞走出来了。”

“噢，我明白了，如果我学叫的是鹰——猫——鹰——猫，相应的二进制数就是1010，表示我看见小个子从10号山洞走出来了。嘿，真有意思！”米切尔转念一想说，“可是，如果小个子从79号山洞走出来，我还不得叫上它一百多次？”

罗克笑了，他说：“不会的。我用短除法把79化成二进制数，看看是多少。记住，每次都用2去除，一直除到商是0为止。”罗克列了个算式：

```
2 | 79
  ---------
2 | 39      …………余 1   ↑
  ---------
2 | 19      …………余 1
  ---------
2 | 9       …………余 1
  ---------
2 | 4       …………余 1
  ---------
2 | 2       …………余 0
  ---------
2 | 1       …………余 0
  ---------
    0       …………余 1
```

罗克指着算式说："把右边所有的余数，由下向上排列就得到79相对应的二进制数1001111。"

米切尔笑着说："这样，我只要学鹰——猫——猫——鹰——鹰——鹰——鹰，7次叫声。"

罗克拍了一下米切尔的肩膀说："怎么样？最多才叫7次嘛！可是，要记住化十进制数为二进制数的方法，否则你该不知道怎样叫法了。"

突然，米切尔提了一个问题，他说："你接到我的信号，怎样把二进制数化成十进制数呢？"

"这个不难。"罗克边写边说，"你只要记住下面公式，注意这个公式是从右往左记最方便：

$$N=1\times2^6+0\times2^5+0\times2^4+1\times2^3+1\times2^2+1\times2^1+1\times2^0$$
$$=64+0+0+8+4+2+1=79$$。"

米切尔点点头说："我明白了。从最右边2^0开始，指数依次加1，然后各项与二进制数相应的项相乘，再相加就成了。"

罗克竖起大拇指说："你真行，一点就通。"

天渐渐黑了下来，两个人收拾一下，摸黑来到了百洞山。米切尔灵巧得像只猫，他很快就爬上了山顶，占据了有利的地势。罗克爬上了一棵树，一动不动地盯着前面的几个山洞。

夜晚的树林并不宁静，昼伏夜出的动物不时出现。听到啦！这是猫头鹰的叫声，因为这叫声没有什么规律，肯定不是米切尔发出的信号。相比之下，罗克更喜欢听那“哗哗”的海涛声。

时间在一分一秒地往前走，罗克既没有看见小个子的影子，也没听到米切尔发出的信号。真难熬呀！罗克的上下眼皮一个劲儿地打架，为了不使自己睡着，他右手用力捏自己的大腿。

突然，罗克听到山顶上发出了叫声，规律是鹰——猫——猫——鹰，一连叫了三遍。罗克小声叫了一声："在9号山洞！"说完从树上溜了下来，拔出手枪，直奔9号山洞。

山洞里的战斗

罗克听到米切尔发出的信号，知道小个子和黑铁塔藏在9号山洞里，拔出手枪一溜儿小跑向9号山洞冲去。

来到9号山洞，见米切尔拿着手枪埋伏在洞口旁。米切尔小声对罗克说："我刚才看见黑铁塔提着一个大水桶去打水，可是一直没看见小个子出来。"

罗克说："咱俩等一会儿，先把黑铁塔抓住，盘问出山洞里的情况，然后再进洞捉拿小个子。"

米切尔点了点头说："好，就这么办！"停了一会儿，只听远处传来"噔噔"的沉重的脚步声，是黑铁塔打水回来了。罗克和米切尔在洞口的一左一右埋伏好，待黑铁塔刚刚到达洞口，两个人一齐蹿了出去。罗克用手枪顶住黑铁塔的后腰，小声喝道："不许动！举起手来。"黑铁塔被这突如其来的行动惊呆了。他放下水桶，乖乖地举起了双手。

米切尔从口袋里取出事先准备好的绳子，要把黑铁塔捆起来。黑铁塔一看要捆他，急了，他一撅屁股把米切尔顶出好远，推开罗克，撒腿就往山洞里跑。他一边跑一边高声叫喊："不好啦！罗克和米切尔来抓咱们啦！"

洞里漆黑一片，罗克想用手电筒照照里面的情况。谁知，手电刚一打亮，里面"啪"的一枪将手电筒打灭。

罗克小声对米切尔说："你开枪掩护，我冲进去！"说完弯下腰就要往里冲。

米切尔一把拉住罗克说："慢着！这个9号洞里面情况十分复杂，支路岔路非常多，不熟悉情况的，即使拿着火把也很难走到最里面。"

罗克小声问："你熟悉里面的情况吗？"

米切尔摇摇头说："我小时候曾进去过几次，都只在洞口玩，因为大人不许我们往里走，怕走进去出不来。"

罗克沉思了一会儿，说："洞里情况本来就复杂，这两年小个子肯定对这个山洞进行了改造，洞里面恐怕要成为迷宫了。"

"迷宫是什么玩意儿？"米切尔不大了解迷宫。

"反正咱俩也不着急进洞，我简单给你介绍一下什么叫迷宫。"罗克把枪口指向洞口，防止小个子出来，然后向米切尔讲起了迷宫。他说："古希腊有一个动人的神话传说：古希腊克里特岛上的国王叫米诺斯，不知怎么搞的，他的王后生下了一个半人半牛的怪物，起名叫米诺陶，王后为了保护这个怪物的安全，请古希腊最卓越的建筑师代达罗斯建造了一座宫殿。宫殿里有数以百计的狭窄、弯曲、幽深的道路，有高高矮矮的阶梯和许多小

房间。不熟悉路径的人，一走进宫殿就会迷失方向，别想走出来。后来就把这种建筑叫做迷宫。”

米切尔听上了瘾，忙问：“迷宫怎么能保护怪物米诺陶呢?”

罗克说：“怪物米诺陶是靠吃人为生的，它吃掉所有在迷宫走迷路的人。这还不算，米诺斯国王还强迫雅典人每9年进贡7个童男和7个童女，供米诺陶吞食。米诺陶成了雅典人民的一大灾难。”

“那后来呢?”

“当米诺斯国王派使者第3次去雅典索取童男童女时，年轻的雅典王子忒修斯决心为民除害，要杀死怪物米诺陶。忒修斯自告奋勇充当1名童男，和其他13名童男童女一起去克里特岛。”

“忒修斯真是好样的!”

“当忒修斯一行被带去见国王米诺斯时，公主阿里阿德尼为忒修斯这种勇敢精神所感动，要帮助王子除掉米诺陶。”

米切尔十分激动地说：“一定是公主陪同王子一起进了迷宫。”

“不是。”罗克说，“公主偷偷送给忒修斯一个线团，让王子到迷宫入口处时把线团的一端拴在门口，然后放着线走进迷宫。公主还送忒修斯一把魔剑，用来杀死米诺陶。忒修斯带领13名童男童女勇敢地走进迷宫。他边走边放线边寻找，终于在迷宫深处找到了怪物米诺陶。经过一番激烈的搏斗，忒修斯杀死了米诺陶，为民除了害。13名童男童女担心出不了迷宫，会困死在里面。忒修斯带领他们顺着放出来的线，很容易地找到了入口，顺利地出了迷宫。”

“咱们俩也学习忒修斯，弄一团线拴在洞口，然后进去捉拿小个子，你看怎么样？”

罗克笑了笑说：“这只是一个神话传说。咱们也不知道这个山洞有多深，有多少岔路，带多大线团才够用？”

米切尔有点着急，他问：“那你说怎么办？”

罗克说：“其实走迷宫可以不带线团，你按下面的三条规则去走，就能够走得进，也能够走得出。

第一条，进入迷宫后，可以任选一条道路往前走。

第二条，如果遇到走不通的死胡同，就马上返回，并在该路口做个记号。

第三条，如果遇到了岔路口，观察一下是否还有没有走过的通道。有，就任选一条通道往前走；没有，就顺着原路返回原来的岔路口，并做个记号。然后就重复第二条和第三条所说的走法，直到找到出口为止。如果要把迷宫所有地方都搜查到，还要加上一条，就是凡是没有做记号的通道都要走一遍。”

米切尔一拍大腿说：“好，就按你说的办法我们来走一走小个子的迷宫！”

“嘘！”罗克示意米切尔小点声，他说，“别叫小个子听见。”

两个人又小声商量了几句，一哈腰就都钻进了洞里。米切尔在前，罗克在后，两个人先走进最右边的岔路，没走多远碰了壁。两个人又原路折回，在岔路口靠右壁的地方，罗克放了一块石头。他们又走进相邻的一个岔路口，碰壁再折回，如此搜索下去。

米切尔有点着急，他小声对罗克说：“怎么回事？咱俩搜寻了这么半天，连个小个子的影子都没看见，莫非他们俩钻进地里不成！”

罗克安慰说：“不能着急。我们还没搜索完哪！而且越走，遇到小个子的可能性也越大。”

“是吗？”米切尔不再说话，更加小心地往前搜寻。

忽然，他俩听到了黑铁塔瓮声瓮气的讲话。黑铁塔说：“小个子，你也过于谨慎。咱们躲在这里，让罗克和米切尔找三天三夜也别想找到。你就把灯点上，黑灯瞎火的真叫人受不了。”

只见前面火光一闪，灯点亮了。借着亮光，罗克看见小个子趴在一张行军床上，手里拿着枪，枪口向外，准备随时扣动扳机。黑铁塔坐在另一张行军床上，在大口地吃什么。

小个子厉声说道：“快把灯吹灭！罗克这小子非常不好对付，谁敢说他现在不在我们身边。”说着小个子从行军床上爬了起来，就要去吹灯，而黑铁塔护住灯，不叫小个子吹。趁两个人争执的机会，罗克小声说了一句：“冲上去！”

“不许动！”罗克和米切尔的枪对准他们俩。

“啊！”黑铁塔惊叫了一声。

“噗！”小个子吹灭了灯。

“砰！”罗克开了一枪。

“哎哟！”是黑铁塔中了子弹。他像一头受了伤的野兽，在黑

暗中乱踢乱打，罗克和米切尔一时还制伏不了他。米切尔下了一个脚绊，才把黑铁塔摔倒，把他压在地上。罗克把灯点亮，看到黑铁塔右臂受伤，而小个子早就逃得无影无踪了。

罗克问黑铁塔："小个子逃到哪儿去了？"

黑铁塔"嘿嘿"一阵冷笑说："小个子是只狐狸，他早拿着珍宝跑了，你们别想抓到他！"

智擒小个子

罗克和米切尔虽然抓住了黑铁塔，但小个子却拿着珍宝跑了。两个人押解着黑铁塔去见首领乌西。

不管你怎样审问，黑铁塔咬紧牙关一言不发。看来，想从黑铁塔嘴里掏出小个子的下落是不可能的。

怎么办？

乌西仍把捉拿小个子的任务交给了罗克和米切尔。罗克一想，这个任务难以推辞，也就痛快地答应了。

罗克和米切尔坐下来，认真研究如何抓住小个子。米切尔说："乌西已经下令全岛戒严，小个子想现在乘船逃走是不大可能啦。"

罗克点点头说："你分析得对。由于岛上洞多，小个子可能还藏在某个山洞中。"

米切尔皱起眉头说："岛上大大小小的山洞那么多，要确切知道小个子藏在哪个山洞里是十分困难的！"

"小个子总是要喝水的，他必须出来打水。要打水，就会暴露自己。"罗克对此充满信心。

米切尔站起来，倒背两手来回踱着步。他说："海岛这么大，小个子又晚上出来打水，不容易发现哪！"

"报告！"从门外跑进一名全副武装的士兵，他向罗克和米切尔报告说："我在天池值勤，看见小个子从狼牙洞出来，到天池

里打了一壶水，一溜儿小跑跑进了野猪洞。”

“狼牙洞？野猪洞？这两个洞在哪儿？”罗克对这个消息十分感兴趣。

米切尔在地上画了个示意图说：“A 就是狼牙洞，B 就是野猪洞，以 O 为圆心的圆就是天池。天池原来是个死火山口，后来有了水成了一个圆形的湖。”

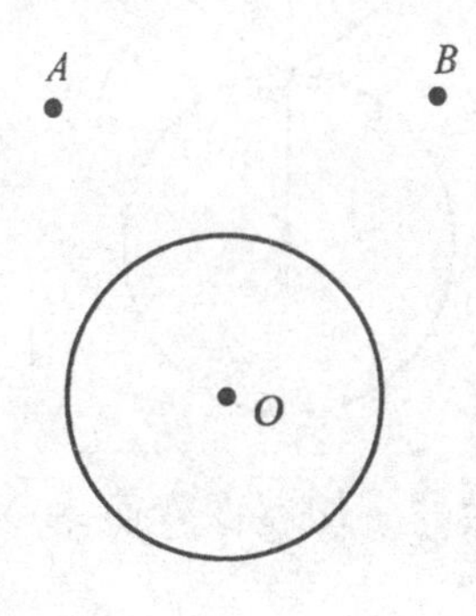

罗克说：“咱俩去这两个洞搜查一下，怎么样？”

“不成，不成！”米切尔连连摇头说，“这两个洞的洞口都不止一个，是堵不住他的。”

罗克说：“你有什么好办法？”

“好办法嘛……”米切尔拍了拍脑袋说，“唉，如果我们能准确地知道小个子打水的地点，就可以把小个子生擒活捉。”

“这个问题我能解决。”罗克这么快就表示能解决，使米切尔十分惊讶。米切尔心想真不愧是小数学家呀！提出什么问题立刻就能解出来。

罗克要来全岛的地图，又要了一个量角器。他把半圆形量角器的圆心，放在天池的圆周上移动，移动到 P 点。罗克说："找到了，小个子一定到 P 点附近去打水。"

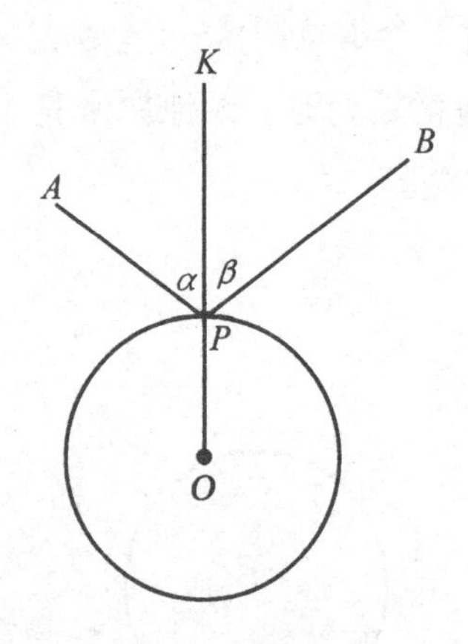

米切尔看罗克所做的一切就像变魔术一样，既感到迷惑，又感到有趣。

米切尔问："你怎么用量角器在圆周上一转，就找到小个子的取水点？你怎么知道小个子一定到 P 点取水呢？"

"说来也真凑巧。小个子天池取水和数学上著名的'古堡朝圣问题'非常相似。我先给你讲一讲'古堡朝圣问题'吧！"罗克开始讲了起来：

有这么个传说，从前有一个虔诚的信徒，他本身是集市上的一个小贩。他每天从家出来，先去圆形古堡朝拜阿波罗神像。古堡是座圣城，阿波罗神像供奉在古堡的圆心 O 点，而圆周上的点都是供信徒朝拜的顶礼点。

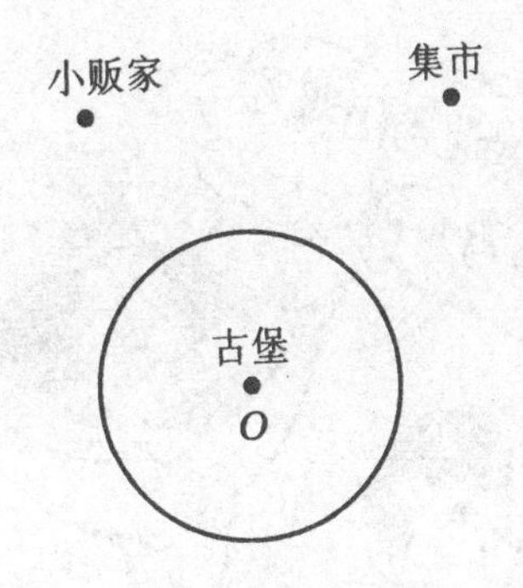

这个信徒想，我应该怎样选择顶礼点，才能使从家到顶礼点，然后再到集市的路程最短呢？他百思不得其解。于是他找到古堡里最有学问的祭司请教。据说祭司神通广大，他可以和阿波罗神“对话”。但是，祭司的回答使他失望。

祭司回答说：“善良的人哪，快停止无谓的空想吧！你提出的问题连万能的阿波罗神也无能为力。难道你还幻想解决这个问题？这个问题是永远解决不了的！”米切尔听到这儿，长叹了一口气说：“这么说，连太阳之神——阿波罗都解决不了，别人就更没办法了。”

“嘻嘻！”罗克笑了起来。他说，“别听祭司瞎说，阿波罗神又不是数学家，他哪会解这类数学题。”

“嘘！不许说阿波罗神的坏话，我们神圣部族也是信奉阿波罗神的。”米切尔说完，双手合十，一副十分虔诚的样子，嘴里还咕咕唧唧地小声祷告着什么。

“哈哈!”罗克看到米切尔虔诚的样子，越发觉得可笑，笑着说，“其实这个问题，数学家已经解决了。”

“解决了？快说给我听听。”米切尔显得十分着急。罗克又画了个图，他指着图说：“如果能在圆周上找到一点 P，过点 P 做圆 O 的切线 MN，使得

$\angle APK=\angle BPK$，即　$\angle\alpha=\angle\beta$。

小贩沿着 $A\rightarrow P\rightarrow B$ 的路线去走，距离最短，这一点可以证明。”

“能够证明？那你就给我证一下。否则，我不信!”米切尔使用了“激将法”。

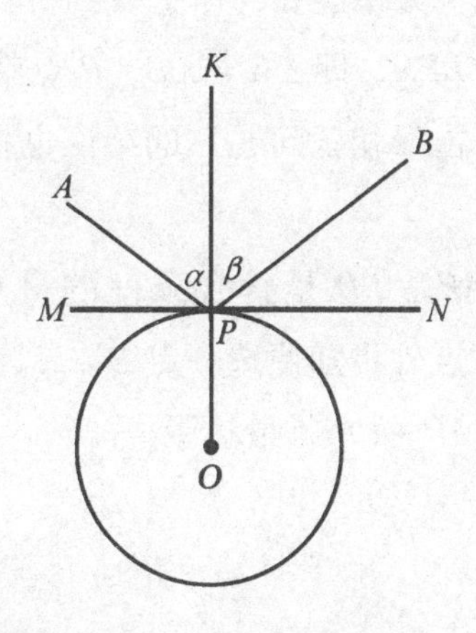

“米切尔，可真有你的!”罗克用力拍了米切尔肩膀一下，接着边画边讲，“我先要给你证明一个预备定理：一条河，河岸的同一侧住着一个小孩和他的外婆。小孩每天上学前要到河边提一桶水送给外婆。他想，到河边哪一点去取水，所走的路程最短?”

米切尔说：“这个问题和‘古堡朝圣问题’非常类似，不同的是，一个是圆形的水池，一个是直的河流。这个问题的结论又是什么?”

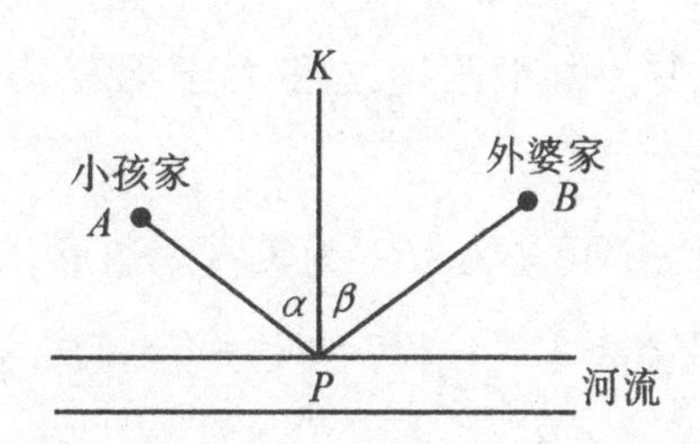

罗克指着图说："如果能在河岸上找到一点 P，作 PK 垂直河岸，使得 $\angle APK=\angle BPK$，即 $\angle\alpha=\angle\beta$，P 点就是要找的点。"

"嗯？结论和'古堡朝圣问题'的结论也相同！怪事！"米切尔越琢磨越有趣。

"我就来证明 $AP+PB$ 是符合条件的最短路程。"罗克说，"我在河岸上，除 P 点外再随便选一点 P'，只要能证明 $AP'+P'B>AP+PB$，就说明 $AP+PB$ 是最短距离。

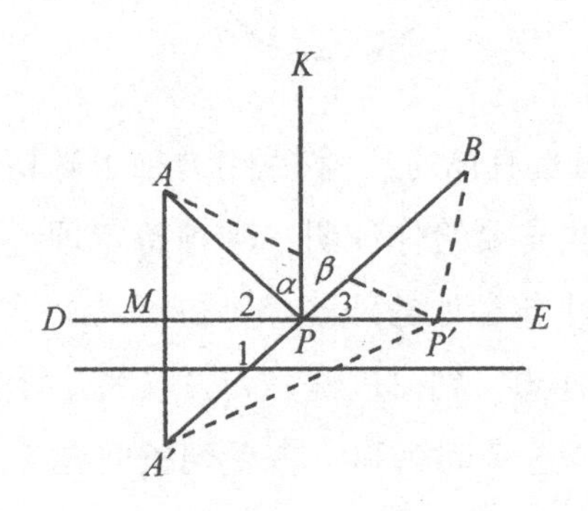

"连接 AP'，BP'。作河岸 DE 的垂线 AA' 交 DE 于 M，取 $A'M=AM$，连接 $A'P'$。

"在 $\triangle A'BP'$ 中，由于两边之和大于第三边，可知，$A'P'+P'B>A'B$。

"由 AA' 的作法，可知 $\triangle APA'$ 为等腰三角形，$AP=A'P$。同理，$A'P'=AP'$。而 $A'B=A'P+PB=AP+PB$，所以有 $AP'+P'B>AP+PB$，而且 $\angle\alpha=\angle\beta$。

“用类似证明方法，也可以在‘古堡朝圣问题’中证明 $AP+PB$ 距离最短。”

“我基本上明白了。可是，小个子未必知道这件事，他会选择这条最短路径吗?”米切尔还是有点担心。

“你放心吧!”罗克安慰说，“小个子的数学相当不错，他不会不知道这个道理的。”

“既然这样，我倒有个捉拿小个子的好办法。”米切尔趴在罗克耳朵边嘀咕了好一阵子，罗克高兴地连连点头。两个人简单收拾了一下，悄悄向天池走去。

天还是那么黑，天池的周围非常安静。过了一会儿，从野猪洞里探出一个小脑袋，向左右望了望。见四周无人，他手提一把水壶快步跑到天池边弯腰打水。没错，他就是小个子。

当小个子刚把水壶放进水里，突然，从水中蹿出一个人来。此人喊了声：“你下来吧!”就把小个子拉下了水。小个子不会游泳，急得大喊救命！水中的人把小个子灌了个半死拖上岸来。罗克在岸边拉出小个子，把他捆了起来。水中的人爬上了岸，此人正是米切尔。

原来米切尔知道了小个子打水的大概地点，就事先藏在水里，等小个子弯腰打水时，把他拉下了水。

活捉了小个子，罗克和米切尔都十分高兴。

黑铁塔交出一张纸条

罗克和米切尔把小个子带到首领住的大屋子，乌西亲自审问小个子杰克。小个子比黑铁塔还顽固，不管你怎样问，他只是"嘿嘿"地冷笑。

怎么办？小个子和黑铁塔谁也不张嘴。乌西命令士兵把小个子押下去，然后和白发老人、米切尔、罗克商量，怎么才能把小个子隐藏起来的珍宝找到。

罗克首先发言，他说："相比之下，黑铁塔要比小个子好对付。我们要抓住黑铁塔这个薄弱环节作为突破口，进行攻心战。"

"罗克说得很对。"白发老人说，"黑铁塔虽说身高力大，可是心眼不多，一切全听小个子的摆布。如果他知道小个子也被捉住，顽固劲儿先少了一半。"

米切尔接着说："小个子把珍宝藏在哪儿，黑铁塔不会一点儿不知道，咱们就从黑铁塔下手，诈他一下！"

乌西高兴地点了点头说："好！咱们就这么办！你们同意不同意?"罗克等三个人都点头表示同意。

乌西下令提审黑铁塔。刚开始，黑铁塔还是咬紧牙关，什么也不说。

乌西一拍桌子，喝道："黑铁塔，你顽固到底只能罪上加罪，小个子杰克把一切都说了，你还等什么?"

“什么？小个子被你们捉到了？”黑铁塔故意把脑袋一歪说，“你们是白日做梦！那个猴精，你们别想抓住他。”

乌西冲外面喊了一声：“把小个子杰克带上来！”

两个士兵推推搡搡把小个子杰克推了进来。黑铁塔一看小个子真的被捉住了，就傻眼了，气也不那么壮了，脑袋也耷拉下来了。乌西又命令将小个子押走。

乌西用力一拍桌子，“啪”的一声，吓得黑铁塔一哆嗦。乌西说：“黑铁塔！你是想争取宽大处理呢，还是想走死路一条？”

黑铁塔“扑通”一声，跪倒在地。他一个劲儿地向乌西磕头，嘴里不停地说：“首领，饶命！我全说出来。小个子把珍宝藏在哪儿，我真的不知道。他只给了我一张纸条，叫我好好收藏。小个子说，如果他发生了意外，让我把这张纸条交给来取珍宝的人。”说着黑铁塔从内衣的口袋里取出一个塑料袋，从塑料袋里掏出一张纸条，递给了乌西。

纸条上写着：

我把珍宝藏在百洞山40号开外的某号洞里。珍宝中金项链不止一条，金头饰也不止一个。如果把藏宝的山洞号、金项链和金头饰条数之和、全部珍宝数相乘，乘积为32118。

乌西问：“你真的不知道藏宝的山洞号？”

黑铁塔哀求说：“我真的不知道。小个子对我也并不放心，他知道我算不出山洞的号，所以才给我纸条，叫我转交接宝人。”

乌西把纸条递给了罗克，说：“看来，还要请你帮忙喽！请你给算出藏珍宝的山洞号数，共有多少珍宝？”

罗克笑了笑说：“也亏得小个子想得出这样的题。”

米切尔对罗克说：“你一边解一边讲，让我也学点数学。”

“可以。”罗克边写边说，“可以设金项链和金头饰条数之和为x，山洞号为y，珍宝总数为z。由于金项链不止一条、金头饰也不止一个，所以$x \geqslant 4$；

纸条上说山洞号40开外，而百洞山最大号数是79，因此

$40 < y \leqslant 79$；

这样可以得出一个条件方程：

$$\begin{cases} xyz = 32118, \\ x \geqslant 4, \\ 40 < y \leqslant 79。 \end{cases}$$

第一步，列方程做完了。”

米切尔摇摇头说：“有等式又有不等式，这样的问题我过去从未见到过。”

罗克说：“解这类问题可以先把 32118 分解成质因数的连乘积，然后再根据不等式所给的条件逐一分析，最后确定出答案。32118 有 2、3、53、101 四个质因数，即：

$$32118 = 2 \times 3 \times 53 \times 101,$$

在乘积不变的前提下，4 个质因数可以搭配成 6 种形式：

$$2 \times 3 \times 5353, \qquad 2 \times 159 \times 101$$

$$2 \times 53 \times 303, \qquad 3 \times 53 \times 202$$

$$3 \times 106 \times 101, \qquad 6 \times 53 \times 101$$

由于 x、y、z 都不能小于 4，所以前 5 组分解都不符合要求，唯一可能的是第 6 组。因此，金项链和金头饰一共有 6 件，珍宝藏在 53 号山洞中，珍宝总数为 101 件。”

乌西双手一拍，高兴地说：“太好啦！通过算这道题，一切全知道了。”乌西立刻命令士兵去百洞山的第 53 号山洞去取，士兵跑进 53 号洞，发现地上挖了一个大坑，小个子埋藏的珍宝已经被人取走。

乌西听到这个消息，又两眼发直了。

珍宝不翼而飞

这批珍宝让谁取走了呢？乌西想起了黑铁塔曾招认有一个身份不明的取宝人。看来，珍宝已被取宝人取走了。

米切尔提议，再一次提审黑铁塔，让他详细谈谈有关取宝人的情况。乌西点点头，立即提审黑铁塔。

黑铁塔见事已至此，也就一切照实说了。他说："小个子对我说，当有一个人左手拿着一枝杏黄色的月季花，问我'麦克罗好吗'？我就把纸条交给他。"

当乌西进一步追问这个人是男是女，长得什么样？是不是神圣部族的人等问题时，黑铁塔一个劲儿地摇脑袋，表示不知道。看来，关于取宝人的具体情况，小个子什么也没告诉他。

米切尔又建议提审小个子杰克。罗克摇头说："提审小个子不会有什么结果的，小个子态度十分顽固。"

怎么办？几个人眉头紧皱，想不出什么好办法。

忽然，罗克提了一个问题，说："大家分析一下，这个取宝人可能是神圣部族的人呢，还是外来人？"

大家经过多方面分析，认为是外来人的可能性大。

罗克说："既然取宝人是外来人，这个人究竟是谁，恐怕连小个子本人也不知道。"大家觉得罗克说得有理。

罗克接着说："既然是外来人，我也是外来人，我来装扮取宝人，直接和小个子联系，你们看怎么样?”

乌西笑着说：“小数学家，你怎么聪明一世，糊涂一时呢?珍宝已经被人取走了，你还去取什么?”

“不，不，你们上了小个子的当了。”罗克分析说，“我们一直在追踪着小个子，他根本没时间和取宝人取得联系，而且我们也没有发现小个子和别人接触。因此，我认为小个子在53号山洞成心挖了一个坑，给人以珍宝被取走的假象，而珍宝埋藏的真正地点，我们可能还是不知道。”

罗克的一番话说得大家一个劲儿地点头。但是，对于罗克要假扮取宝人与小个子取得联系，白发老人表示反对。

白发老人说：“小个子心狠手辣，如果让他识破了你是假扮取宝人，你的处境就十分危险啦!”

罗克笑了笑说：“中国有句成语：‘不入虎穴，焉得虎子’。近一段来岛旅游的外国人一个也没有，我是从空中掉下来的唯一外国人。请相信我能够成功的。”

对罗克提出的方案，乌西拿不定主意，米切尔也表示担心，白发老人根本就不同意。但是，罗克决心已定，坚持要试验一下。罗克又把他设想的如何与小个子接头详细说了一遍。

最后乌西同意了罗克的方案，并布置如何保护罗克的安全。这样从小个子手中夺回珍宝的计划开始了。

小个子杰克躺在牢房的一张藤床上，所谓牢房无非是一间结实的小木屋。月光透过窗户照在他瘦小的脸上。他毫无倦意，一对老鼠眼贼溜溜地乱转，他在琢磨自己怎么会被他们捉住？下一步又该怎么办?

窗外有规律的脚步声，是看守的士兵在来回走动。小个子杰克翻了一个身，也想不出如何能逃出去。突然，他听到沉重的“咕咚”一声，像是什么东西倒在了地上。小个子赶紧坐了起来，走到窗前往外一看，外面静悄悄的，只是看守他的士兵不见了。正当小个子感到莫名其妙的时候，“咔嗒”一声，门锁打开了。一个蒙面人闪了进来，他用纯正的英语对小个子说：“快跟我走!”此时小个子也来不及考虑这个人到底是谁，跟着他溜出了小木屋，直奔百洞山跑去。

一阵低头猛跑，累得小个子一个劲儿地喘气。到了一棵树下，蒙面人停住了脚步，小个子靠在大树上边喘气边说：“你怎

么跑得这么快？我真跟不上你。”

蒙面人说：“不跑快点，叫他们发现可就坏了。”

小个子说：“我听你的声音怎么有点耳熟，你摘下面罩，我看看你是谁。”

蒙面人一伸手，“刷”的一声把面罩摘了下来。小个子定睛一看，惊得魂飞天外，这不是自己的死对头罗克吗？

小个子后退一步，两眼直盯着罗克问：“你来救我？你想要什么花招？”

罗克也不搭话，从口袋里取出一个塑料袋，从袋里抽出一枝杏黄色的月季花。罗克左手拿花，一本正经地问道：“麦克罗好吗？”罗克这一举动，大出小个子意料之外，小个子结结巴巴地说：“这……到底是怎么回事？”

罗克说：“你先不要问怎么回事，你快回答我的问话！”

“这……”小个子一时语塞。他眼珠一转说，“噢，你问麦克罗呀！他早就不在人世了，不过他留下的东西还原封不动地保留着哪！”

罗克说：“我就是来取东西的，快把东西交给我！”

“交给你？”小个子“嘿嘿”一阵冷笑说，“你别想来骗我！我藏的珍宝你们找不到，想出个骗我的高招，你也不睁眼看看，我小个子杰克是那么好骗的吗？”

对 暗 号

小个子根本就不相信罗克会是L珠宝公司派来的接宝人。

罗克向小个子分析了以下几点：

第一，我是近期来岛唯一的外国人，我来后就积极参与挖掘珍宝的工作。中国有句俗话叫做“不打不成交”，通过和你的斗争，才确认你是真正的交宝人。

第二，我的出现不能引起神圣部族的怀疑，所以L珠宝公司制造了飞机遇难事件，使我从天而降。

第三，L珠宝公司深知你精通数学，和你联系的方法也是解算数学问题，所以，才派了我这个“小数学家”来和你联系。

以上三点，你还有什么怀疑的?

通过罗克的分析，再回想罗克来岛后的表现，小个子点了点头，觉得罗克分析得有道理。

小个子按照和L珠宝公司事先达成的协议，开始考罗克了。

小个子说：“前面小岛上我们设了一个关卡，用来检查驶进驶出本岛的船只。关卡修成正方形的，每边都站有7名士兵。有一天，关卡来了8名新兵，非要上关卡与老兵共同站岗。可是，我们神圣部族规定，关卡每边只能有7名士兵站岗，你说这事怎么办?”

罗克立刻说：“这事好办极了。按原来站法是每个角上站3名士兵，每边中间站1名士兵；加上8个士兵后，让每个角上站

1 名士兵，每边中间站 5 名士兵就成了。”说完罗克画了两个图。

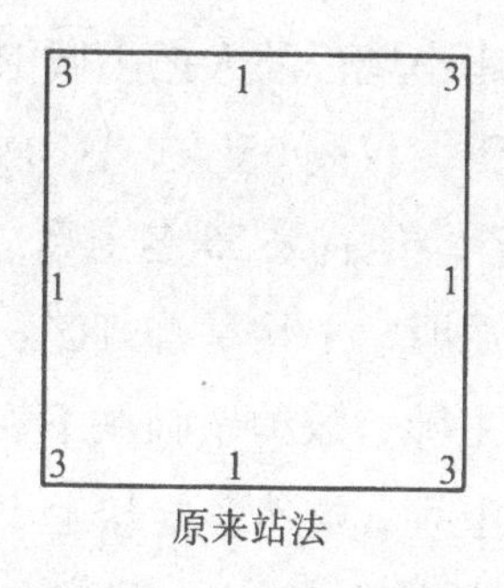

原来站法

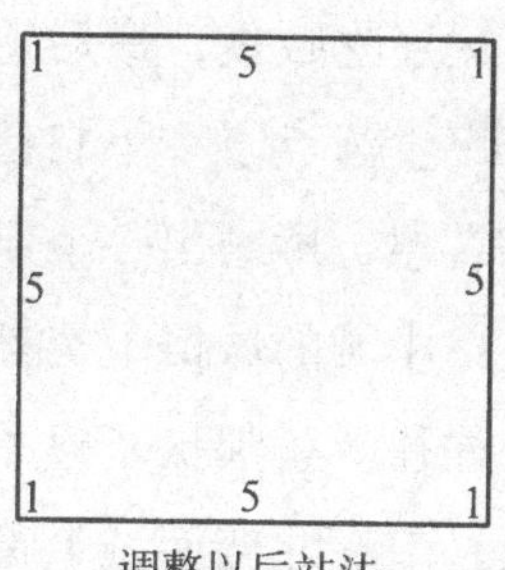

调整以后站法

小个子数了数说：“嗯，每边都是 7 名士兵。原来关卡上有 16 名士兵，后来有 24 名士兵，正好多出 8 名士兵，一点也不错。”

小个子好奇地问：“你怎么算得这么快？”

罗克笑了笑说：“你提这个问题太简单了。我来给你讲一个中国的方城站岗问题，可比你提的问题难多啦！”

也不看看现在是什么时候，罗克却满有兴致地讲起了故事。说来也怪，小个子一听说讲故事，也乖乖地站在那儿听。

罗克说：“我们中国有一句成语叫做‘一枕黄粱’。讲的是一个穷书生卢生，在一家小店借了道士的一个枕头。当店家煮黄粱米时，他枕着枕头睡着了。梦中，他做了大官，可是一觉醒来，自己还是一贫如洗，锅里的黄粱米还没煮熟呢。”

小个子点了点头说：“‘一枕黄粱’这句成语我看到过，这与我出的题目有什么关系？”

“你别着急呀！”罗克慢条斯理地说，“传说，这个做黄粱梦的卢生后来真的做了大官。一次番邦入侵，皇帝派他去镇守边关。卢生接连吃败仗，最后退守一座小城。敌人把小城围了个水泄不通。卢生清点了一下自己的部下，仅剩 55 人，这可怎么办？卢生左思右想，琢磨出一个退兵之计。他召来 55 名士兵，面授机宜。晚上，小城的城楼上突然灯火通明，士兵举着灯笼、火把在城上来来往往。番邦探子赶忙报告主帅，敌帅亲临城下观看，发现东、西、南、北四面城上都站有士兵。虽然各箭楼上士兵人数各不相同，但是每个方向上士兵总数都是 18 人。排法是这样。”罗克画了一个图（1）：

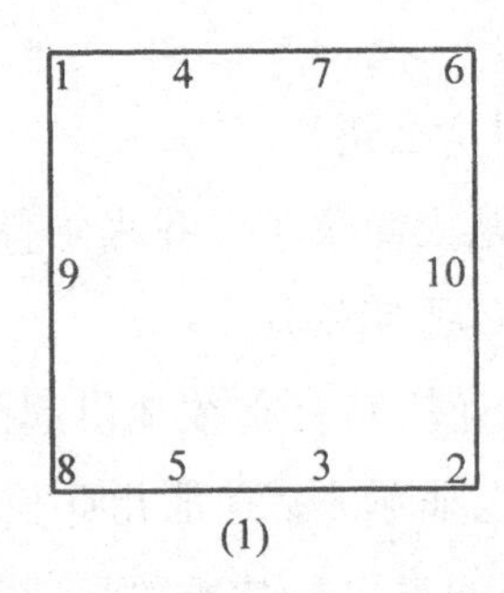

(1)

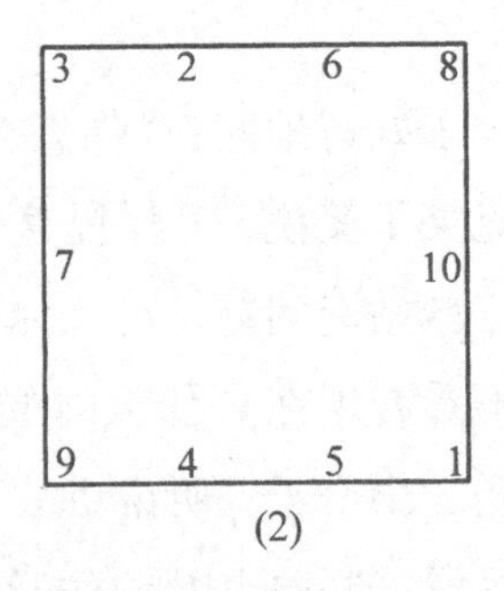

(2)

小个子数了一遍说：“好，每边 18 人，总数 55 人。”

罗克接着说：“敌帅正弄不清卢生摆的什么阵式，忽然守城的士兵又换了阵式。并没有看见城上增加新的士兵，可是每个方向的士兵却变成了 19 人。”罗克又画了一个图（2）。

小个子又数了一遍说：“总数仍为 55 人，每边果真变成了

19 人。”

罗克讲得来了劲，连比带画说：“敌帅想，这是怎么回事？他百思不得其解。正当敌帅惊诧之际，城上每边的人数从 19 人又变成 20 人，从 20 人又变成 22 人。”罗克这次画了图(3)和图(4)。

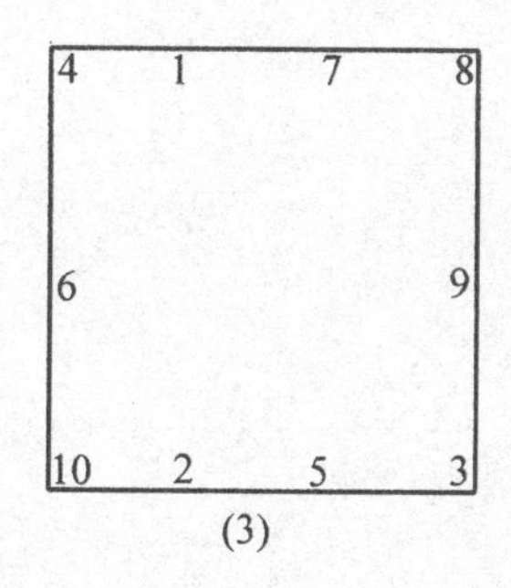

(3)

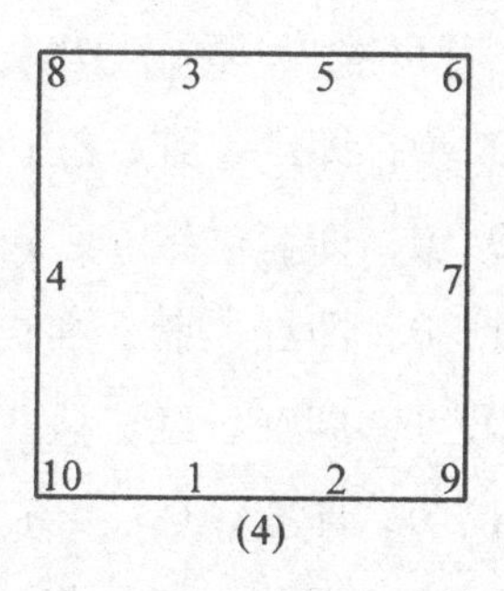

(4)

罗克紧接着说：“城上的士兵不停地改变着阵式，每个方向上士兵数忽多忽少，变幻莫测，一夜之间竟摆出了 10 种阵式，把敌帅看傻了！他弄不清这究竟是怎么回事，认为卢生会施法术，没等天亮急令退兵。”

“高，高！”小个子竖起大拇指说，“中国真有聪明人！”

小个子眼珠一转说：“按照我和 L 珠宝公司达成的协议，对暗号要做出三道题才行。”

罗克点了一下头，说：“好，你快出第二道题吧！”

小个子眼珠转了两圈，阴笑着说：“这道题可难哪，你可要好好听着：现在有 9 个人，每个人都有一支红蓝双色圆珠笔。请每个人用双色圆珠笔写 A、B、C 三个字母，字母用哪种颜色的笔去写不管，但是每个字母必须用同一种颜色写。你要给我证明：至少有两个人写出的字母颜色完全相同。”

“噢，你出了一道证明题。这可要难多了！”罗克笑着眨了眨眼睛说，“不过，这也难不倒我。我用数字 0 代表红色字，用数字 1 代表蓝色字，那么用红蓝两种颜色写 A、B、C 三个字母，只有如下 8 种可能。”罗克写出：

0、0、0，即红、红、红；

1、0、0，即蓝、红、红；

0、1、0，即红、蓝、红；

0、0、1，即红、红、蓝；

1、1、0，即蓝、蓝、红；

1、0、1，即蓝、红、蓝；

0、1、1，即红、蓝、蓝；

1、1、1，即蓝、蓝、蓝。

小个子仔细看了一遍说：“没错，只有这 8 种可能。”

罗克说：“现在有 9 个人写 A、B、C。那么，第 9 个人写出 A、B、C 颜色的顺序，必然和前 8 种中的某一种是相同的，因此也就证明了至少有两个人写出字母的颜色完全相同。对不对？”

“对，对。”小个子一个劲儿地点头。

罗克催促说：“快把第三道题说出来，我赶紧给你解出来，以免耽误时间。”

小个子摆摆手说：“算啦，算啦！我说出来第三道题也难不住你。你快交给我 200 万英镑的酬金，我把珍宝立即交给你。”

罗克想了想说：“好吧，你跟我走！”

一手交钱，一手交货

小个子跟着罗克直向海边跑去，跑到一半，罗克突然停了下来。

小个子问：“怎么不走啦？”

罗克说：“咱们要一手交钱一手交货。钱在小船上，货呢？”

“我不会骗你的！”小个子着急地说，“你让我看看确实有 200 万英镑，我立即领你去拿珍宝。”

罗克犹豫了一下说：“好吧，我先让你看看这 200 万英镑。跟我来！”

罗克一哈腰直奔海边跑去，他俩躲在一块岩石后面。罗克掏出手电，向海面发出信号，没过多久，海面上也亮起手电光。不一会儿，海面上出现了一条小木船，有一个人划着桨向海边驶来。

木船一靠岸，从船上跳下一个蒙面人，此人右手拿着手枪，左手拿着手电筒。蒙面人小声问道：“我从来都是说谎的。请回答，我这句话是真话还是谎话？”

罗克用手捅了一下小个子问：“应该怎样回答？”

小个子摇摇头说：“不知道。”

罗克把双手做成喇叭状向对方回答说：“你说的肯定是

谎话!”

对方又问:“为什么是谎话?”

罗克回答:“如果你永远说真话,那么你说‘我从来都是说谎的’是句真话,而永远说谎话的人怎么能说出真话呢?显然这种情况不会出现。我可以肯定你必然是有时说真话,有时说谎话,因此‘我从来都是说谎话’必然是句谎话。”

对方回答说:“分析得完全正确,请过来看货。”

罗克对小个子说:“你等一下。”然后和蒙面人跳上了小船,从船上抬下一个大箱子,把箱子打开露出一道缝,小个子用手电往里一照,箱子里一捆一捆,全是英镑。小个子眼睛乐得眯成了一道缝,刚要伸手去拿,蒙面人一下子把箱子盖上了。

罗克说："200 万英镑你已经看见了，快领我去取珍宝吧！"

"好吧，跟我走！"小个子亲眼见到了钱，也就痛快地答应去取珍宝。

小个子朝着百洞山方向跑去，跑到 79 号洞，小个子停住了，回头对罗克说："你在这儿先等一会儿，我进去取珍宝。"

罗克摇摇头说："不成！你已经亲眼看到钱了，我要亲眼看到你取货。"

小个子略微想了一下说："好吧！不过你要跟住我。"

小个子进了 79 号洞，也不用手电照路，在伸手不见五指的洞里左边拐、右边拐。罗克打着手电在后面根本就跟不上，没过多会儿，小个子就不见了。不管罗克怎么喊，小个子也没有回音。罗克心想，坏了，上了小个子当啦！

罗克赶紧顺原路返回，跑到海边一看，米切尔被捆在一棵椰子树上，树旁扔着米切尔刚才戴着的面具套。罗克再往海上看，只见小个子正划着那条小船向深海驶去。

小个子冲着罗克哈哈大笑，说："小罗克呀，小罗克，你想在我的面前要花招，你这是'班门弄斧'啊！你小子知道吗？79 号洞有好多个洞口，我一拐弯儿，你就找不到我了，我拿了珍宝，早从另一个洞口出来了。现在我 200 万英镑到手了，珍宝也没叫你们弄走，这叫'一举两得'。哈哈……"小个子越说越得意。

罗克给米切尔解开绳子，笑着说："成，你扮演的角色很成功！"

米切尔用力拍了罗克肩膀一下说：“你演得也不错嘛！”两人相视哈哈大笑。

小个子用力划着船向深海疾驶。突然，一声呼哨，十几条快船从海中一块大礁石后面闪现出来，呈半圆状向小个子的小船包围过来，快船就像在水面上飞行一样，刹那间就把小船围在中央。

首领乌西站在一条快船的船头，手指小个子大喝道：“杰克，还不赶快投降！”

小个子仰天长叹一声说：“唉！最后还是我上当啦！”说完抱起装珍宝的箱子，就要往水中跳，两名士兵立刻把小个子按倒在船上，用绳子把双手捆住。

乌西带领船队靠了岸，抬下珍宝箱和装英镑的箱子。乌西命令打开装珍宝的箱子，经清点，101 件珍宝一件不少。乌西又命令士兵打开装英镑的箱子，他信手拿出一捆英镑，抽去第一张真英镑，里面全都是废纸剪成的假英镑。小个子看罢，又连呼上当！

乌西问：“杰克，你是否承认彻底失败了？”

“哼！”杰克鼻子里哼了一声说，“你们不要高兴得过早，珍宝究竟归谁，还要拭目以待！”

海外部经理罗伯特

也不知怎么回事，这两天许多外国旅游者接连来到岛上。他们被岛上美丽的风光所吸引，在岛上到处跑。罗克得知其中有一艘豪华旅游船将开往美国，非常高兴，想搭乘这艘船去美国参赛。乌西亲自和船长联系，船长同意了，乌西给罗克买了船票，船明天早晨出发。

为了感谢罗克在寻找珍宝中作出的巨大贡献，乌西给罗克举行了盛大的宴会。神圣部族所有头面人物都出席了宴会，美酒佳肴，欢歌笑语，好不热闹。神圣部族的成员本来酒量就大，再加上百年珍宝出土，宴会上大家大碗大碗地喝酒。没等宴会散去，一个个已酩酊大醉，东倒西歪，语言不清了。

罗克是滴酒不沾的。他吃了一点菜就悄悄离开了宴会厅，准备回到住所整理一下行装。海岛的夜色特别美好，一轮圆月高挂天空，月光给远处的沙滩涂上了一层白银，海浪声和风吹椰树的沙沙声汇成了一首十分悦耳的乐曲，罗克陶醉了。

突然，一个口袋把罗克的脑袋套住了，然后被人背在身上。尽管罗克拼命挣扎，无奈脑袋被口袋罩住叫不出声来，被人家背走啦！

走了大约有 10 分钟的时间，罗克被放到了地上。摘下口袋，罗克用手揉了揉眼睛定睛一看，这不是望海石吗？一块酷似人头像的黑色大石头，面向着海洋。他再向左右一看，两边各站着一个膀大腰圆的青年人，还有一个五十岁左右的中年男子，正全神贯注地看着他。这个中年人衣着十分考究，留着八字胡，系着一根黑白条纹领带，嘴里叼着一只烟斗。显然，这三个陌生人都是来岛的外国旅游者。

中年人嘴边挂着得意的微笑，围着罗克慢慢地踱着步子，一边说："我们 E 国 L 珠宝公司，盯着神圣部族的老首领麦克罗埋藏的珍宝，已有一个世纪了。前些日子小个子杰克给我们发来了情报，说一名叫罗克的中国学生，帮助他们找到了这批珍宝。杰克又给我们发来情报说，他已经把珍宝弄到了手，让我们赶紧派人来接这批珍宝。可是，紧接着杰克第三次送来情报，询问你这个罗克，是不是 L 珠宝公司派来取珍宝的人？说你已经答对了规定暗号的前两道题。我一想，不好，出事啦！我这次只好亲自出

马喽。”

罗克问：“你是谁?”

旁边的一个青年说：“这是我们 L 珠宝公司海外部经理罗伯特先生。”

罗伯特点了点头说：“是的。E 国本土以外的珍宝和古董的买卖、特工人员的派遣，全部由我负责。我从来没有派遣你罗克来取珍宝呀!”

罗克把头一扭，“哼”了一声。

罗伯特笑了笑说：“幸好，小个子杰克留了个心眼，没有把三道题目都对你讲，只讲了两道。其实，把第三道题告诉你，你也答不出来。”

罗克摇了摇脑袋说：“我不信!”

“不信你就听着，”罗伯特说，“威力无比的太阳神阿波罗，要经常巡视他管辖的三个星球。他巡视的路线是：从他的宫殿出发，到达第一个星球视察后，回到自己的宫殿休息一下；再去第二个星球视察后，又回到自己的宫殿休息；最后去第三个星球视察后，再回到宫殿。一天，阿波罗心血来潮，想把自己的宫殿搬到一个合适的位置，使自己巡视三个星球时，所走的路程最短。你说，阿波罗选择什么地方建宫殿最合适?”

罗克把眼一瞪说：“你没有告诉我这三个星球的位置，我怎么解呀?”

“随便找三个点就行。”罗伯特随手在地上画了三个点。

罗克稍微想了一下说：“我把这三个星球分别叫做 A、B、C

点，连接这三点构成一个三角形。这样一来，问题转化为一个数学问题了：求一点 O，使得 $OA+OB+OC$ 最小。”

罗伯特点了点头说：“不愧人家称你为小数学家，果然名不虚传。”

罗克连说带画，他说：“以 $\triangle ABC$ 的三边为边，依次向外做三个等边三角形：$\triangle ABC'$，$\triangle BCA'$，$\triangle ACB'$。连接 CC' 和 BB'，两条线交于 O，则 O 就是阿波罗建宫殿的位置。”

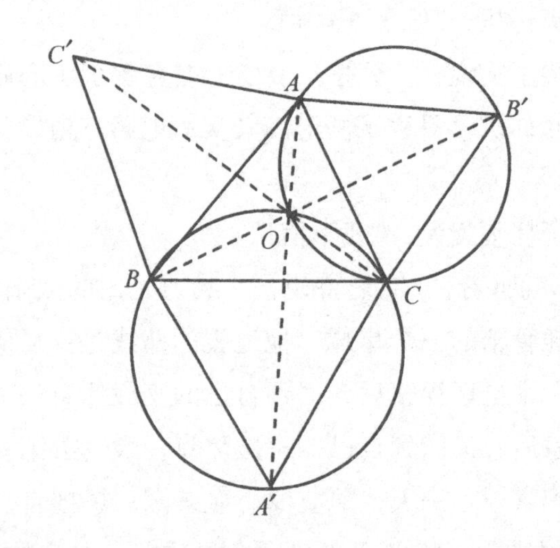

罗伯特吸了一口烟，又缓缓吐了出来。他不慌不忙地问：“什么道理？”

“道理嘛，可就要难一点。”罗克眨巴着大眼睛问，“你不怕证明过程比较长吗？”

罗伯特笑了笑说：“不怕，难题证起来自然要点力气喽！”

“不怕就好。”罗克说，“这个问题要分两部分证明。你看这个图，我连接 OA，先来证明 A、O、A'三点共线。”

罗克向旁边的青年要了一张纸、一支笔，开始写第一部分证明：

由于你画的三角形每个角都小于 120°，所以 O 点必在$\triangle ABC$的内部。在$\triangle ABB'$和$\triangle AC'C$ 中，

$\because\quad AB'=AC$，$AB=AC'$（等边三角形两边相等），

又$\because\quad \angle BAB'=\angle BAC+\angle CAB'$

$=\angle BAC+\angle C'AB=\angle C'AC$，

$\therefore\quad \triangle ABB'\cong\triangle AC'C$（边，角，边）。

由于全等三角形的对应高相等，所以 A 点到 OB'、OC'的距离相等，A 点必在$\angle B'OC'$的角平分线上。

$\because\quad \angle AB'B=\angle ACC'$（全等三角形中对应角相等），

$\therefore\quad B'$、C 点必在以 AO 为弦的圆弧上，也就是 A、O、C、B'四点共圆。

$\because\quad \angle COB'=\angle CAB'=60°$（圆弧上的圆周角相等），

$\therefore\quad \angle BOC=180°-60°=120°$。

而$\angle BA'C=60°$，

因此 A'、B、O、C 一定共圆。

$\because\quad A'B=A'C$，

$\therefore\quad \overset{\frown}{A'B}=\overset{\frown}{A'C}$（同圆中等弦对等弧），

$\angle A'OB=\angle A'OC$（同圆中等弧上的圆周角相等），

∴ OA'为$\angle BOC$ 的角平分线。

又∵　$\angle BOC$ 与$\angle B'OC'$为对顶角，

∴　A、O、A'三点共线。也就是说AA'、BB'、CC'三线共点。

罗克抬起头来问罗伯特：“你看懂了吗？”

“哈、哈，”罗伯特大笑了两声说，“我是大学数学系毕业，能连这么个简单的证明都看不懂？笑话！”

“嗯？”罗克好奇地问，“你是学数学的，怎么干起偷盗人家国宝的缺德事？”

罗伯特磕掉烟斗里的烟灰说：“数学再美好，也变不成金钱呀！”

“哼，学数学的也出了你这么个败类！”罗克狠狠瞪了罗伯特一眼。

罗伯特摆摆手说：“废话少说，你快把第二部分给我证出来！”

罗克连话也没说，就低头写了起来：

∵　前面已证明 O、C、B'、A 四点共圆，

又　$\angle AB'C = 60°$，

∴　$\angle AOC = 120°$。

同理可证 $\angle BOC = \angle BOA = 120°$。

如下图，过 A、B、C 分别作 OA、OB、OC 的垂线，两两相交构成新的三角形 DEF。

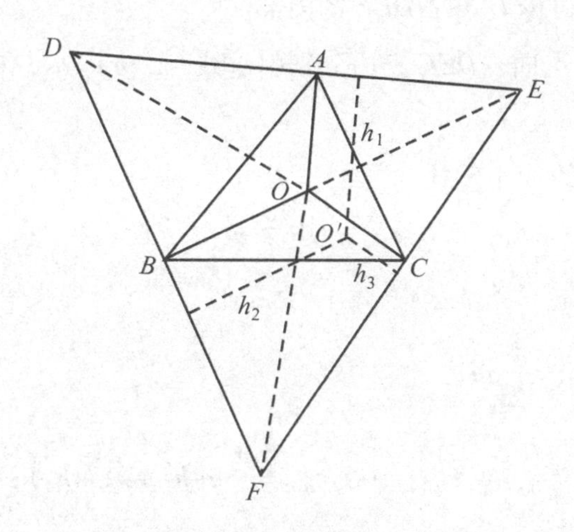

∵　$\angle AOB = \angle BOC = \angle AOC = 120°$，

∴　$\angle D = \angle E = \angle F = 60°$，

即$\triangle DEF$为等边三角形。

设等边三角形DEF的边长为a，高为h，

$$\because \quad S_{\triangle DEF}=\frac{1}{2}ah,$$

$$\text{又}\because \quad S_{\triangle DEF}=S_{\triangle DOE}+S_{\triangle EOF}+S_{\triangle FOD}$$
$$=\frac{1}{2}a(OA+OB+OC),$$

$$\therefore \quad OA+OB+OC=h。 \qquad (1)$$

任取异于O的点O'，由于O'点的位置不同，可分O'点在$\triangle DEF$的内部、边上、外部三种情况进行讨论。

我们先讨论O'在$\triangle DEF$的内部。

可由O'点向$\triangle DEF$三边分别引垂线h_1、h_2、h_3，再连接$O'A$、$O'B$、$O'C$。

$\because$ 斜线大于垂线，

$$\therefore \quad O'A\geqslant h_1，O'B\geqslant h_2，O'C\geqslant h_3。 \qquad (2)$$

$$\because \quad S_{\triangle DEF}=S_{\triangle DO'E}+S_{\triangle DO'F}+S_{\triangle EO'F},$$

而$S_{\triangle DEF}=\frac{1}{2}ah$，

$$\text{又}\because \quad S_{\triangle DO'E}+S_{\triangle DO'F}+S_{\triangle EO'F}=\frac{1}{2}a(h_1+h_2+h_3),$$

$$\therefore \quad \frac{1}{2}ah=\frac{1}{2}a(h_1+h_2+h_3),$$

$$h=h_1+h_2+h_3。 \qquad (3)$$

由（1）、（2）、（3）式可得

$O'A + O'B + O'C \geqslant h_1 + h_2 + h_3 = h = OA + OB + OC$，这就证明了 O 点到 A、B、C 三点距离之和最短。

类似的方法可证明 O'在$\triangle DEF$ 上及$\triangle DEF$ 外的情况。

罗克把证明结果往罗伯特面前一推说："第二部分证完了，你自己去看吧！"

罗伯特把证明仔细看了两遍，点了点头说："不愧是数学天才，这么难的历史名题被你轻易证出来了。"

罗克说："题目我也给你做出来了，是不是该放我走了。我明天要乘船去华盛顿，今天要收拾一下行装。"

"去华盛顿，那太容易了。港口停泊的那艘豪华游船就是我们 L 珠宝公司的，可以随时为你服务。不过……"罗伯特讲到这儿突然又把话停住了。

"不过什么，你有什么话痛痛快快地说出来，不用装腔作势！"罗克一点儿也不客气。

"好！既然你喜欢痛快，那我就直说了吧！"罗伯特猛地吸了一口烟，说，"我们 L 珠宝公司盯住神圣部族的这份珍宝已有很长时间了，今日一旦被发掘出来，怎么会轻易放手呢？我们想请你帮帮忙，把这批珍宝给我们弄到手！"

罗克摇摇头说："我怎么能帮这个忙？对不起，我帮不了你们的忙。"

罗伯特摆摆手说："不要把话说绝了！你如能帮我们把珍宝弄到手，原来答应给小个子杰克的 200 万英镑给你。你知道 200

万英镑有多少？它可以买一座城市！”

罗克笑了笑说：“200 万英镑买一座城市？哪有那么便宜的城市？你不用骗我，我也不要那 200 万英镑。”

罗伯特把双眉一皱说：“如果你执意不肯，那就别怪我不客气啦！伙计，给他点颜色看看！”两名打手拿出一根绳子，上来就把罗克双手捆在一起，准备把他吊在树上。

将计就计

罗伯特让打手把罗克双手捆在一起，要把他吊在大树上。

罗克一想，这可使不得！把我的手吊坏了，我怎么去参加奥林匹克数学比赛呀！看来和这帮强盗硬碰硬不行，要实行缓兵之计。

罗克高声喊道："慢来，慢来！咱们有话好商量嘛！"

罗伯特见罗克态度有转变非常高兴，忙对两名打手说："快把绳子给他松开！"

罗克揉了揉手腕子问："我怎样帮你们弄到珍宝？"

"很简单。"罗伯特走近罗克，小声对他说，"你现在马上返回宴会厅，趁着他们酒醉未醒的大好时机，提出来要最后看一看这批珍宝。由于你在寻找珍宝中有头功，他们不会不让你看的。只要他们把珍宝摆出来，我带着事先埋伏好的弟兄冲进去，一举夺得珍宝。"

罗克点点头说："是个好主意。我的赏金200万英镑还给不给？"

"给，给，一定给！说话一定算数！"罗伯特显得十分激动。

罗克眼珠一转，问："你带的弟兄人数够吗？你别忘了，这是在神圣部族的土地上。神圣部族的成员个个骁勇善战，弄不好连我带你们全部完蛋！"

"不会的。我这次来岛的目的就是夺取这批珍宝，怎么会不多带几个弟兄呢？你尽管放心好啦！"罗伯特有意回避这个问题。

“你不告诉我人数可不成。”罗克十分认真地说，“我不能拿自己的生命开玩笑。如果就来了你们三个人，我这样干就等于送死呀!”

“看来，你是非知道人数不可呀！好吧，我来告诉你。”罗伯特讲得很慢，一字一句地说，“我一共带来了 x 个人，用$\frac{x}{2}$个人包围宴会厅，$4\sqrt{x}$个人用来保卫游船，6 个人用来解决哨兵，3 个人进行抢夺珍宝，1 个人活捉首领乌西。用乌西做人质，送我们安全撤回到游船上。怎么样？把底都交给你了，请你按计划行事吧!”

罗克点了点头就朝宴会厅走去，他边走边心算：

先列出个方程：

$$\frac{x}{2}+4\sqrt{x}+6+3+1=x。$$

这是个无理方程。可设$\sqrt{x}=y$，$x=y^2$，原方程可以化为：

$$\frac{1}{2}y^2+4y+10=y^2。$$

整理得　　　　$y^2-8y-20=0$，

解得　　　　　$y_1=10$，$y_2=-2$，

所以　　　　　$x=100$（人）。

罗克心算出答案，心中不免一惊，罗伯特带来 100 名武装强盗，人数可真不少啊！罗克边走边琢磨，怎样才能把情报通知给神圣部族的成员呢？

罗克很快走到了宴会厅，他在门口犹豫了一下，然后快步走

了进去。乌西一见罗克进来，十分高兴，端起一杯酒，晃晃悠悠地走了过来，对罗克说："怎么回事？今天是给你开欢送会，你怎么跑出去了？要罚你喝三大杯酒！"罗克知道这位首领喝得差不多了，跟他说什么也没用。

米切尔也走了过来，虽说他也喝得满脸通红，但神志还清醒。罗克想，我应该把情报尽快告诉米切尔。

参加今天宴会的还有一些旅游者的代表，罗伯特就是代表中的一个，他先于罗克进入了宴会厅。罗克数了一下，此时宴会厅里有四名旅游者代表。不用说，其中三个人专等抢夺珍宝，一个人准备捉拿首领乌西。直接用英语对米切尔说明情况是不可能了，他在这四个人的监视之下，必须按罗伯特事先教他的话来说。

米切尔拍着罗克的肩膀问："你到哪儿去了？走了这么半天。"

罗克笑了笑说："今天晚上月色特别好，我到外面散散步。我听到了猫头鹰和山猫的叫声，声音很吓人！"说完罗克就学猫头鹰和山猫的叫声，这叫声立刻引起在场人的注意。

乌西挑着大拇指说："罗克，你真行！学得非常像。"

罗伯特走近罗克，笑着说："大数学家好兴致呀！学起猫头鹰和山猫的叫声。你可别忘了，猫头鹰主要任务是捉老鼠，它不捉老鼠也只有死路一条。"罗伯特说完，用装在上衣口袋里的手枪，捅了罗克的后腰一下。

尽管罗伯特这一动作十分隐蔽，但是被眼尖的米切尔看在了眼里。米切尔联想以前和罗克约定好，用猫头鹰和山猫的叫声传递数字。再想到刚刚发掘出珍宝，就来了这么多旅游者，现在并不是旅游季节，这些旅游者来岛上干什么？莫非……

一个危险信号在米切尔脑子里闪过，他对罗克说："你学得真好听，你能教教我吗？不过，你要慢一点。"

"好的。"罗克爽快地答应了。罗克开始学叫起来：鹰——鹰——猫——猫——鹰——猫——猫。米切尔认真地听着。米切尔又让罗克再学叫一遍。

米切尔哈哈大笑一阵以后，走到一旁掏出笔来进行计算：

鹰代表1，猫代表0。罗克通知我的二进制数是1100100，把它化成十进制数是：

$1\times2^6+1\times2^5+0\times2^4+0\times2^3+1\times2^2+0\times2^1+0\times2^0=2^6+2^5+2^2=64+32+4=100$。

"啊，来了100名武装匪徒抢夺这批珍宝，这可不得了！要赶快通知首领乌西才行。"可是米切尔扭头一看，乌西今天太高兴，酒喝多了，说话有点不清。米切尔把这里发生的一切，用神圣部族特有的语言告诉了白发老人。白发老人究竟是见多识广，他叮嘱米切尔不要慌张。因为按照神圣部族的规定，只有首领才有权调动军队，别人谁说了也不算数，因此，必须让乌西尽快清醒过来。怎么办？白发老人与米切尔半开玩笑似地把乌西搀到了一旁。白发老人说："这里有上等的美酒，你快来喝呀！"说完从水桶里舀起一瓢凉水，扣在乌西的头上。白发老人的举动引起轰动，在场的人笑得前仰后合，都认为白发老人开了一个大玩笑。

这一瓢凉水也把乌西给浇醒了，白发老人小声把当前危急情况告诉了乌西。乌西听到这个消息吃了一惊，酒劲儿全过去了。

罗克看到时机已到，就走到乌西的面前说："首领，我帮助贵部族找到了祖宗留下的珍宝，可是到目前为止，我还没有认真欣赏这些宝贝。你能不能把这些珍宝拿出来，让大家欣赏欣赏。"

"这个……"乌西抹了一把脸上的水，显得很犹豫。

罗伯特走到罗克的身后，又用口袋里的枪顶了一下罗克，示意他赶紧让乌西把珍宝拿出来。

罗克满脸不高兴地说："我明天就要走了，看一眼珍宝你都舍不得，你也太抠门儿啦！真不够朋友！"

罗伯特也在一旁插话道："让我们这些旅游者也欣赏欣赏，饱饱眼福！"

乌西琢磨了好半天才说："你们想看看也成，不过这批珍宝是我们部族的宝贝，为了防止意外，我必须派兵保护！"

听说派兵保护，罗伯特脸色陡变，眼睛恶狠狠地盯住罗克，意思是问，是不是你透露了风声？

罗克假装没看见，笑着说："你不会派许多士兵来吓唬我们吧？"

"哪里，哪里。"乌西笑着摆了摆手。乌西立即用神圣部族语言命令卫队长把珍宝带来。

没过多一会儿，由八名全副武装的士兵保护，两名侍从把装珍宝的箱子抬了进来。接着，"呼啦啦"拥进一大群看热闹的岛上居民，把宴会厅挤得满满的。

此时，罗伯特脸上的表情是最难以捉摸的。厅内来了士兵，

又来了这么多群众，怎样下手抢珍宝呢？不动手抢吧，这恐怕是最后一次机会了，明天一早，游船就要起航，完不成抢夺珍宝的任务，L珠宝公司的大老板绝不会饶过自己，真是左右为难呀！

罗伯特暗中一咬牙，机不可失，时不再来。此时不下手，更待何时？罗伯特突然从口袋里拔出手枪，枪口朝天“砰砰”开了两枪，这是罗伯特向众匪徒下的行动命令。罗伯特刚想往上冲，去抢夺珍宝，只觉得两只手被铁钳子钳住似的疼痛难忍，手枪也掉在了地上。他左右一看，只见左右各站着一名神圣部族成员，这两个人好似两尊铁塔，自己的两只手臂被这两个人四只粗壮的手紧紧攥住。再看自己的伙伴，也都被看热闹的人制伏，罗伯特大呼：“上当！”

罗伯特被押出了宴会厅，外面站着一排人，个个低着头，后面是拿着武器的神圣部族的士兵，不用问这全是自己的弟兄。罗伯特一数，不多不少正好99人，加上自己刚好100人。忽然，罗伯特嘴角现出一丝冷笑，大步走到队伍中，低下了头。

乌西从宴会厅里走出来，对罗伯特等100名外国强盗说："一百年前，你们就来欺负我们。一百年后，你们又来抢夺我们的珍宝，你们也太欺人过甚了！"正说到这儿，"轰"的一声，宴会厅里发生了爆炸，一时浓烟滚滚，火光冲天。乌西大喊一声："啊呀！珍宝全完啦！"

跟 踪 追 击

宴会厅发生爆炸，乌西最关心的是宴会厅里的珍宝有没有受损失。他转身跑进宴会厅，里面的桌椅板凳被炸得东倒西歪，装珍宝的箱子不见了。

"哎哟，这可怎么好哟！把祖宗留下来的宝贝给丢啦！"急得乌西捶胸顿足，不知如何是好。

白发老人在一旁劝说："首领，万万不可着急。爆炸一定是罗伯特这帮外国强盗干的，珍宝也一定是他们偷的，找他们算账就行！"

乌西听白发老人说得有理，跑出宴会厅，一把揪住了罗伯特，厉声问道："是不是你把珍宝偷走啦？"

罗伯特"嘿嘿"一阵冷笑说："我偷走啦？你去仔细找找，看看少了谁？少了谁就是谁偷走了。"

乌西命令士兵寻找一下，看看少了什么人。士兵们经过仔细寻找，发现神圣部族的人一个不少，少了两个旅游者，另外，罗克不见啦!

“罗克不见了！他会上哪儿去呢?”乌西和白发老人都很纳闷，米切尔更是急得不得了。

罗伯特在一旁幸灾乐祸地说：“哈哈，是罗克把珍宝偷走了，罗克是我雇用的间谍，你们上他的当啦!”“不可能!”米切尔在一旁十分肯定地说，“罗克不可能是间谍!”

“信不信由你喽!”罗伯特吹了一声口哨，打了一个响指，一副满不在乎的样子。

罗伯特傲慢的态度激怒了乌西，他大喝一声：“把这批外国强盗关起来!”士兵用枪把E国“游客”押了下去。

罗克哪儿去了？这成了大家议论的中心。有的怀疑罗克把珍宝偷走了，理由是罗克提出要看看珍宝的；有的怀疑罗克被人家劫持了；有的说罗克被爆炸吓坏了，不知躲到哪个山洞里去了。

白发老人摇了摇头，独自走进宴会厅仔细观察爆炸现场，想从中找出点蛛丝马迹。突然，白发老人在墙壁上发现用圆珠笔写的一行算式和一个箭头：

$$\text{已知 } x^2+x+1=0\text{，求 } x^{1991}+x^{1990}\Rightarrow$$

白发老人悄悄地把米切尔叫过来，和他一起研究这是什么意思。米切尔首先肯定这墙壁上的字是罗克写的。

米切尔说："先要把这个问题的答案算出来，再进行研究。"

白发老人点点头说："说得有理。不过，我不会算数学问题，只好由你来算吧！"

"我来试试。"米切尔掏出纸和笔开始演算起来：

$\because\quad x^2+x+1=0$，两边同乘以 $x-1$，

$\therefore\quad (x-1)(x^2+x+1)=0$。

即 $x^3-1=0$，

$x^3=1$。

$$
\begin{aligned}
x^{1991}+x^{1990} &= x^{1989}(x^2+x)\\
&= x^{1989}(-1)\,(\because x^2+x=-1)\\
&= x^{663\times 3}(-1)\\
&= (x^3)^{663}(-1)\\
&= 1\times(-1)\\
&= -1。
\end{aligned}
$$

米切尔又仔细检查了一遍，没有发现错误。他对白发老人说："答案是 -1，不知是什么意思？"

白发老人沉思了片刻问："负数表示什么含义？"

米切尔回答说："负数是正数的相反数。"

白发老人又问："如果说向东走了 -10 米，是什么意思？"

米切尔说："那就表明，他是向西走了 10 米。"

"好啦！"白发老人把双手一拍说，" -1 中的负号告诉我们，罗克所走的方向与箭头所指的方向相反。"

"由于 -1 的绝对值是 1，罗克告诉我们偷走珍宝的绝对是 1

个人。哈哈，谜底终于揭出来啦！”米切尔显得非常高兴。

白发老人找到乌西，向乌西汇报了以上情况，要求和米切尔一起跟踪追击。乌西同意这个方案，并发给他俩每人一支手枪。白发老人和米切尔把手枪装进口袋里，悄悄溜出了宴会厅，向箭头所指方向的反方向追去。白发老人问：“米切尔，你说罗克是跟踪偷珍宝的人呢，还是被人家俘虏了？”

米切尔说：“如果罗克是在跟踪人家，他尽可以明白地写出匪徒的多少和去向。罗克既然用这种隐蔽的算式来暗示，就表明他没有办法把情况明白地写出来。”

米切尔分析的一点也没错。刚才宴会厅里一场混战，将罗伯特带来的人全部抓获，大家都跑到外面去看俘虏了，放在厅内的珍宝便无人看管了。罗克怕出意外，没敢出去。

突然，房顶上一声响，从宴会厅的天窗跳下一个人来。此人有四十多岁，海员打扮，身高体壮，留着大胡子，右手拿着一支无声手枪。他用枪逼着罗克说："快，把珍宝箱子扛起来跟我走！"

"等一等，让我穿好衣服。"罗克把鞋提了提，腰带紧一紧，然后又问，"咱们往哪儿走？"大胡子到各个窗口都向外看了看，然后用手向东一指说："朝这个方向走！"他又打开装珍宝的箱子看了看。罗克趁他往箱子里看的机会，在墙上写下了算式和箭头。

罗克扛着箱子从东面的窗户钻了出去，大胡子拿着无声手枪紧跟在后面，一路上不断催促："快，快走！"

紧走了一阵，罗克把箱子放到了地上，喘了几口粗气问："你到底要到哪儿去？我可走不动啦！"说完就一屁股坐在了地上。

大胡子恶狠狠地说："去3号海轮，就在前面，快走！不快走我毙了你！"

罗克把双手一摊说："把我枪毙了，谁替你扛这么重的箱子？"说完随手在地上写了两个算式：

$$\lg\sqrt{5x+5}=1-\frac{1}{2}\lg(2x-1);$$

$$S_{\triangle}=\sqrt{s(s-a)(s-b)(s-c)}。$$

大胡子看了看地上的两行算式，问："你写这两行算式干什么？"

罗克说："我要参加国际数学比赛，不经常复习怎么成啊？"

大胡子看了半天也没看出个所以然，就命令罗克说："还有心思复习数学？站起来扛着箱子快走！”

罗克一副无可奈何的样子，扛着箱子向3号海轮走去。

白发老人和米切尔很快就跟踪追了上来，他们发现了罗克写下的两行算式。白发老人问米切尔这两个算式有什么含意。

米切尔看了看说：“上面一个是对数方程，可以求出它的解来。下面一个嘛，就是一个公式，叫做……对，叫做海伦公式。我先来解这个对数方程。”说完他就忙着解起来：

$\lg\sqrt{5x+5}=1-\frac{1}{2}\lg(2x-1)$，

由对数性质知 $1=\lg 10$，

$\frac{1}{2}\lg(2x-1)=\lg\sqrt{2x-1}$。

原方程变形为：

$\lg\sqrt{5x+5}=\lg 10-\lg\sqrt{2x-1}$，

$\lg\sqrt{5x+5}+\lg\sqrt{2x-1}=\lg 10$，

$\lg\sqrt{(5x+5)(2x-1)}=\lg 10$，

$\therefore\quad \sqrt{(5x+5)(2x-1)}=10$，

$(5x+5)(2x-1)=100$。

整理得 $2x^2+x-21=0$，

$\therefore\quad x_1=3$，$x_2=-\frac{7}{2}$。

白发老人忙着问：“怎么样？算出来没有？”

“我算出来两个根。不过，这是对数方程，算出来的根要经过验算才能确定真伪。”米切尔向白发老人解释。

白发老人着急地说：“还要验算？真麻烦！你快点验算一下吧！”

“好的。”米切尔开始进行验算：

先将 $x_1=3$ 代入原方程，

$$左端=\lg\sqrt{5x+5}=\lg\sqrt{5\times3+5}=\lg\sqrt{20}$$

$$=\frac{1}{2}(1+\lg2);$$

$$右端=1-\frac{1}{2}\lg(2x-1)=1-\frac{1}{2}\lg(2\times3-1)$$

$$=1-\frac{1}{2}\lg5=1-\frac{1}{2}(\lg10-\lg2)$$

$$=\frac{1}{2}+\frac{1}{2}\lg2=\frac{1}{2}(1+\lg2)。$$

$\therefore\quad x_1=3$ 是原方程的根。

再将 $x_2=-\frac{7}{2}$ 代入原方程，

$$左端=\lg\sqrt{5\times\left(-\frac{7}{2}\right)+5}=\lg\sqrt{-\frac{25}{2}}，无意义，$$

$\therefore\quad x=-\frac{7}{2}$ 不是原方程的根。

米切尔告诉白发老人说对数方程只有一个根是3。

白发老人自言自语地说：“第一个方程解得的结果是3，第二个又是个海伦公式。罗克写这两个算式想告诉咱们点什么呢?”两个人低着头同时在考虑这个问题。

米切尔一边走，嘴里一边不停地念叨：“根是3，海伦公式；3海伦公式；3海伦；3号海轮！啊！我琢磨出来了！这两个算式合在一起，便是告诉我们，罗克去3号海轮了。”

“对，是这么回事！罗克一定是去3号海轮了。咱们快去3号海轮找他!”说完两个人急匆匆向3号海轮跑去。

轮船上的战斗

米切尔和白发老人在黑夜的掩护下，悄悄地向3号海轮摸去。海水拍打着船体发出“啪、啪”的响声，两人在这声音的掩护下迅速登上了轮船。两人发现3号海轮就是那艘游船。

米切尔自言自语地说：“这么大的轮船，他们会躲到哪儿去呢?”

白发老人说：“米切尔，别着急，咱们仔细找一找，我相信罗克一定会留下什么算式和记号之类的。”

两个人低着头仔细寻找，突然在一块大铁板上发现了几行字：

> 有一个怪数，它是一个自然数。首先把它加1，乘上这个怪数，再减去这个怪数，再开方，又得到了这个怪数。

“怪数？我来算算它如何怪法。”米切尔开始求解这个怪数。他先设这个怪数为x，然后列出一个方程：

$$\sqrt{(x+1)x-x}=x。$$

由于x表示自然数，它恒大于0，

所以 $(x+1)x-x=x^2$。

整理 $x^2+x-x=x^2$，

$$x^2=x^2。$$

“咦！怎么得到一个恒等式?”米切尔看见最后一个式子直

发愣。

“恒等式……恒定不动。唉，罗克通过这个恒等式告诉我们，他们在这儿恒定不动！”白发老人也开始破译数学式子了。

米切尔摇摇头说：“他们在这儿恒定不动，可是，这儿连一个人也没有啊！”

白发老人一指脚下的大铁板说：“他们一定在这块铁板下面！”

“说得有理！咱俩把它搬开。”米切尔说完，与白发老人一起，用力把大铁板推到一边，铁板下露出一个通道口。

“下去！”米切尔刚想顺着梯子下去，突然从下面“啪”地打了一枪，这显然是无声手枪，子弹擦着米切尔的耳朵边飞了过去。

米切尔举起枪刚想还击，白发老人把米切尔的枪按了下去，小声说：“不能开枪，别误伤了罗克！”说完，白发老人不顾危险，自己顺着梯子往下跑。米切尔喊了一声：“小心！”跟在白发老人的后面跑了下去。

跑进舱里，米切尔看清楚了，一个海员打扮、留着络腮胡子的高个外国人，用罗克做掩护，正步步后退。只见这个大胡子左手搂住罗克的脖子，右手握枪，枪口对着米切尔。他用英语大声吼叫：“不要过来，否则我把你们和罗克统统杀死！”

怎么办？米切尔想冲上去把罗克救出来，白发老人拦住米切尔，说不可轻举妄动。

大胡子拖着罗克退到一个铁门前面，门旁有一排数字电钮。

大胡子按了几下电钮，突然，罗克“哎哟”大叫一声，接着学起了猫头鹰和山猫的叫声，米切尔则全神贯注地听着。罗克是这样叫的：

哎哟——鹰——猫——猫——哎哟——鹰——鹰——哎哟——鹰——猫——猫——猫。

罗克刚刚叫完，铁门向上提起，大胡子拖着罗克进了铁门，铁门“哐当”一声又落了下来。

白发老人问米切尔说：“罗克又告诉你什么秘密了?”

米切尔说：“罗克通知我开铁门的密码。猫头鹰叫代表1，山猫叫代表0。他用‘哎哟’隔开，表示是3个数字。”

“快说是哪3个数字?”白发老人有点等不及了。

米切尔说：“第一个数字是100，第二个数字是11，第三个数字是1000。化成十进制数就是4、3、8。”

白发老人一个箭步冲到铁门前，迅速按动4、3、8三个电钮，铁门缓缓地向上提起，两个人一低头就钻了进去。里面是间不大的屋子，屋子里一个人也没有，空荡荡的。四周的墙壁都是铁板，没有窗户，像是一间牢房。

“人呢?”白发老人发现屋里没人，好生奇怪。这时铁门又落了下来，想出去是不成了。

“明明看见他们进了这间屋子，怎么突然就不见了?”米切尔也感到奇怪。米切尔想，这屋子里一定有什么暗门地道一类装置，大胡子是从暗门地道跑了。米切尔仔细寻找，希望能发现点什么。白发老人则用枪托到处敲敲打打，希望能发现暗门，两个

人查找了半天，一无所获。

突然，米切尔发现墙壁的一处是由几块铁板拼起来的，由于拼得严丝合缝，不细看是看不出来的。

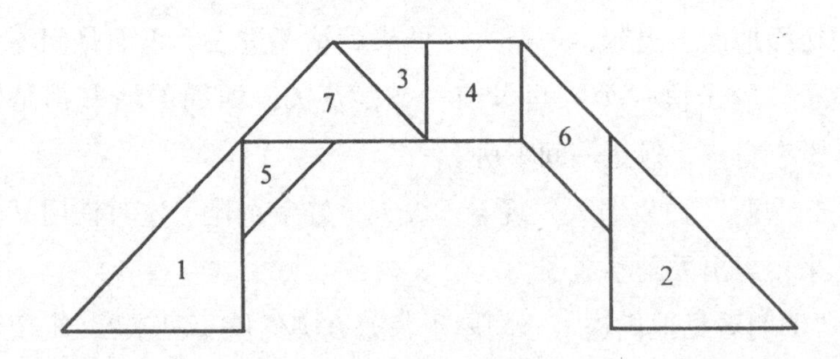

米切尔对白发老人说："你看，墙上的这一部分是用几块铁板拼出来的。"

白发老人仔细地看了看说："嗯，是由七块形状不同的铁板组成的，形状像座桥。"说着他从腰里拔出匕首，试着撬了撬。没想到他一撬，就把其中的一块铁板撬了起来，"当啷"一声掉在了地上。很快，白发老人把七块铁板都撬了下来。但是，把铁板撬下来也出不去，铁板后面还有铁板。

米切尔摆弄这七块铁板，问白发老人："你说，在墙上装这七块铁板有什么用?"

"嗯……"白发老人琢磨了一下说，"铁板拼成桥的形状，而桥是用来过人的。咱们能不能通过这座桥走出这间铁屋子?"

"哈哈。"米切尔觉得白发老人说的话挺可笑，他反问，"这种拼在墙上的桥，叫咱们怎么过法?"

白发老人摇摇头说："我不是这个意思。我是想，能不能通过这七块铁板，找到一条出去的通路!"

米切尔忽然灵机一动说："我想起来了，这七块铁板，非常像中国的智力玩具——七巧板。七巧板是可以拼成一个正方形的。"

"反正咱俩也出不去，拼拼试试。"说完白发老人和米切尔一起在墙上拼了起来。用了不长时间，就拼出一个正方形。说也奇怪，刚把正方形拼好，这个正方形往下一沉，露出一个正方形的门来，两个人从门中钻了出去。

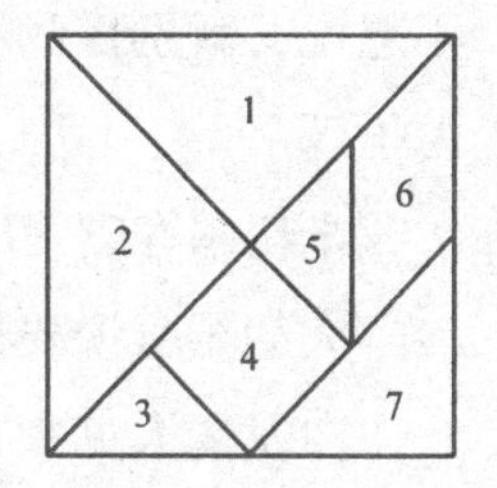

外面是一间豪华的客舱，大胡子一个人坐在沙发上，一边喝咖啡，一边听音乐，悠然自得。

大胡子看见白发老人和米切尔出来了，大叫一声，立即伸右手去摸枪。“砰”的一响，大胡子“哎哟”一声，白发老人一枪正好打中大胡子的右手腕。米切尔一个箭步冲了上去，用枪顶住大胡子的脑袋，大喝一声：“不许动！”

大胡子颤抖地举起了双手。

经理究竟在哪儿

白发老人开始审讯大胡子。

白发老人问：“罗克呢？”

大胡子低头不语。

白发老人又问：“你抢走的珍宝藏到哪儿去了？”

大胡子还是低头不语。

白发老人发怒了，“啪！”用力拍了一下桌子，把桌子上的茶杯都震倒了，吓得大胡子一哆嗦。白发老人说：“你既然什么都不想说，就别怪我不客气啦！米切尔，把他拉出去枪毙了，扔进海里。”

米切尔答应一声，用枪顶了大胡子一下说：“走，到外面去！”

大胡子听说要枪毙他，害怕了，忙说：“我说，我说。”

白发老人见大胡子开口了，就让米切尔把他的右手包扎好，又给他点了支香烟。

大胡子狠命吸了两口烟，镇定一下说："我把罗克和珍宝都交给头儿了。"

白发老人进一步追问："你们头儿在哪儿？"

大胡子指着一个圆形的门说："我们头儿每次都从那个圆门里出来，不过，他从来没让我进去过。"

白发老人又问："你们的头儿长得什么样？他是干什么的？"

大胡子又吸了一口烟，然后慢吞吞地说："我们头儿长得又矮又胖，秃顶，有五十多岁，是我们L珠宝公司海外部经理。"

"嗯？"白发老人皱起眉头问，"你们海外部经理不是罗伯特？"

"嘿嘿。"大胡子冷笑了两声说，"我们海外部经理怎么能亲自去干抢夺珍宝的事？罗伯特是我们经理的秘书。"

白发老人对米切尔说："先把他捆起来！"米切尔用绳子把大胡子捆在沙发上，又用布把他的嘴堵上。

两个人拿着枪朝着圆门扑去，用手轻轻一推，圆门就开了。里面是一个长过道，长过道的一侧一连有三个门，门上分别写着字母*A*、*B*、*C*。每个门上都贴着两张纸条，上面一张纸条上都写着："海外部经理在此办公。"下面一张纸条上写的就不相同了。

*A*门上写着："*B*门上纸条写的是谎言。"

*B*门上写着："*C*门上纸条写的是谎言。"

*C*门上写着："*A*门、*B*门上纸条写的都是谎言。"

米切尔看完这几张纸条，摇摇头说："真活见鬼了！这三个门都写着海外部经理在里面，又都说别的门上写的是谎言，这叫咱们怎样弄清楚真假啊！”

白发老人也摇了摇头说：“这是成心绕人玩！”

米切尔一时性起，他说：“管他真假呢，咱们把每个门都打开，看他藏在哪里！”

“不成，不成。这样会打草惊蛇。”白发老人想了一下说，“你能不能从这几句话中，分析出这位经理究竟在哪个门里？”

“嗯，我想起来了。罗克曾教给我一个解决这类问题的方法。”米切尔掏出笔和本在上面写出：

如果是真话则用 1 表示，如果是谎言则用 0 表示。下面对 A 门上的纸条是真话或是谎言这两种情况进行讨论：

（1）若 $A=1$，即 A 门上的纸条是真话。

由于 A 门上写着“B 门上纸条写的是谎言”，可以肯定 $B=0$；

又由于 B 门上写着“C 门上纸条写的是谎言”，而 $B=0$，即 B 是谎话，所以 C 门上写的应该是真话，即 $C=1$；

由于 C 门上写着“A 门、B 门上纸条写的都是谎言”，而 $C=1$，即 C 是真话，所以 $A=0$，$B=0$。

但是，我们已事先假定了 $A=1$，这里同时 A 又等于 0，出现了矛盾。说明这种情况不成立，即假设 A 是真话错了。

（2）若 $A=0$，即 A 门上的纸条是谎言。

由于 A 门上写着“B 门上纸条写的是谎言”，可以肯定 $B=1$；

又由于 B 门上写着“C 门上纸条写的是谎言”，而 $B=1$，即 B 是真话，所以 C 门上写的应是谎言，即 $C=0$；

由于 C 门上写着“A 门、B 门上纸条写的都是谎言”，而 $C=0$，即 C 是谎言，所以 A 和 B 中至少有一个是真话，即 $A=0$，$B=1$；或 $A=1$，$B=0$；或 $A=1$，$B=1$。由于我们事先假定的是 $A=0$，因此，我们只能选 $A=0$，$B=1$ 这组。

最后结论是：A 门是谎言，B 门是真话，C 门是谎言。

白发老人看完米切尔的推算过程，点了点头说：“只有 B 门是真话，B 门上写的‘海外部经理在此办公’是真的啦！米切尔，咱俩冲进 B 门去！”

两人拿好枪，奋力向 B 门冲去，门被撞开，看见罗克双手被捆坐在沙发上，装珍宝的箱子放在地上。矮胖经理一看有人冲了进来，拿起冲锋枪向门口猛烈射击，子弹呈扇面状射了过来。白发老人躲闪不及，胳臂被子弹擦伤，鲜血湿透了衣服。由于子弹过于密集，白发老人和米切尔又退了出来。

米切尔一看白发老人的胳臂，忙问："你受伤了，要紧吗？"

白发老人笑着摇了摇头说："没事儿，只不过擦破了点皮儿。"米切尔赶紧帮他把伤口包扎好。

白发老人说："看来，咱俩只能智取，不能强攻。"两个人小声研究起来。

寻找最佳射击点

罗克在大胡子押解下，扛着沉重的珍宝箱上了3号海轮。由于白发老人和米切尔紧紧追赶，大胡子把珍宝和罗克一同交给了海外部经理。大胡子曾建议：已经把珍宝弄到手了，把罗克杀了算啦！海外部经理不同意，他认为可以用罗克去换回被神圣部族抓去的100名雇员。

白发老人和米切尔这么快就闯进他的经理室，使他万万没想到，他暗骂大胡子是个废物，连两个人都对付不了，却让他们摸进了经理室。海外部经理这时十分紧张，他先把装有珍宝的箱子藏进大保险柜，又在屋里用桌椅沙发垒起了工事，准备和白发老人决一死战。

罗克见这位矮胖经理一个劲儿地忙于建造防御工事，而对自己放松了看管。虽然自己的双手被捆住，但是双脚是自由的。罗克又看到房门已经被米切尔他们撞开，现在是逃跑的最好时机。机不可失，时不再来，应该赶紧跑出去。想到这儿，罗克从沙发上站起来，一个百米冲刺就跑了出去。矮胖经理冲着门外扫了一梭子，可是一枪也没打着。

米切尔见罗克跑了出来，过去紧紧把他搂住，高兴地说："罗克，你终于逃出来啦！"

白发老人也非常高兴，抽出刀子先把捆罗克的绳子割断，嘴里不停地说："太好啦！太好啦！"

三个人凑在一起研究怎样夺回珍宝，罗克首先把屋里的情况简单地介绍了一下。针对屋里只有矮胖经理一人，米切尔主张强攻进去，消灭矮胖经理，夺回珍宝！白发老人则考虑矮胖经理手里有冲锋枪，强攻有相当的危险！两个人的意见不一致，怎么办？现在要等罗克表态了。罗克琢磨了一下，觉得时间紧迫，必须抓紧时间攻进去。但是不能盲目强攻，要给矮胖经理最大的攻击，而自己伤亡的可能性要尽量的小。对于罗克的折中方案，白发老人和米切尔一致赞同。

白发老人问："怎样才能做到你说的这两点呢？"

罗克说："咱们有两支枪，一支枪对矮胖经理射击是为了吸引他的火力，另一支枪要置他于死地！"两人都说罗克的方案好！

他们先搬来一个非常厚实的硬木桌子放到了 D 点，门宽为 AB，他们又推来几个长沙发，摆成了一条直线 l。

白发老人藏在硬木桌子后面，不断地打冷枪。矮胖经理一个

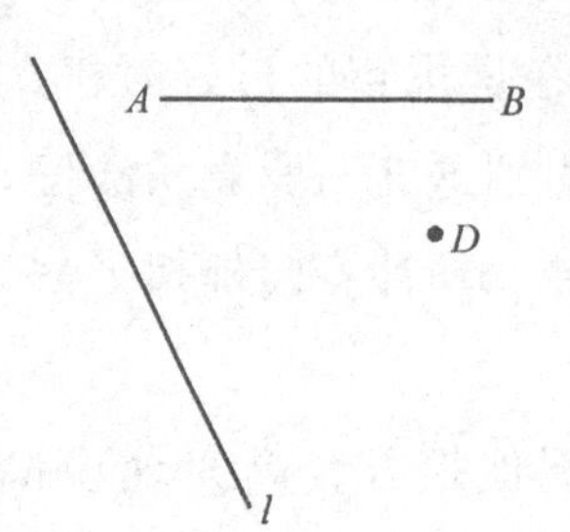

劲儿地向硬木桌子射击，由于硬木桌子非常厚，子弹穿不透，根本伤不着白发老人。

米切尔藏在一排沙发后面，沿着直线 l 往前爬。现在的问题是：米切尔在什么地点射击最有利？

罗克说："最有利的射击点，应该在直线 l 上找一点，使这一点对门 AB 的张角最大。因为张角大，就容易射中门里的目标。"

米切尔问："怎样才能在直线 l 上找到这个点呢？"

罗克拿出纸和笔画了几个图研究了一下说："可以这样来找，过 AB 作一个圆与直线 l 相切，切点 M 对门 AB 张角最大。"

米切尔问："这是为什么？"

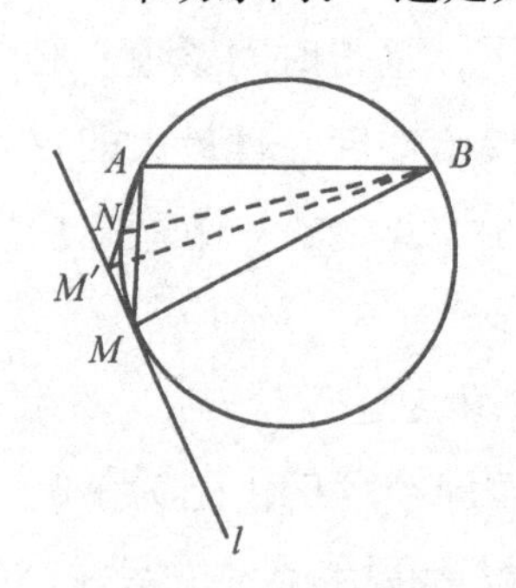

罗克说："假如你不相信 $\angle AMB$ 最大，可以在 l 线上再任选一点 M'，连接 $M'A$，交圆于 N 点。根据三角形的外角大于不相邻的内角，所以有 $\angle ANB > \angle AM'B$。又根据同弧上的圆周角相等，$\angle AMB = \angle ANB$，因此有 $\angle AMB > \angle AM'B$。说明直线 l 上除 M 点之外，其他点对 AB 的张角都较小。"

米切尔说："嗯，你说得有理。可是这个圆又应该怎样画呢？"

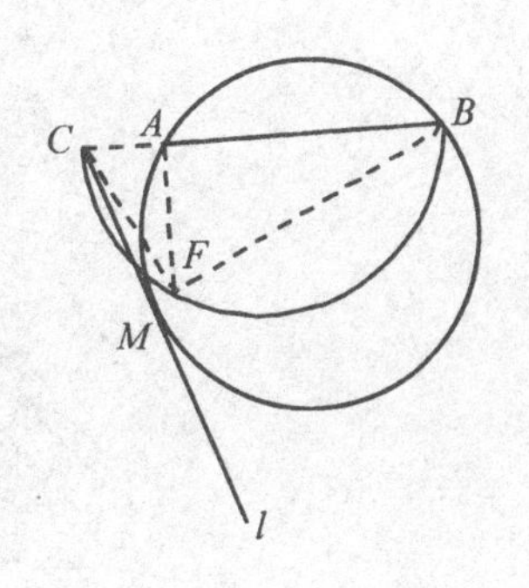

罗克说："可以这样来画：延长 BA 与直线 l 交于 C。以 BC 为直径作半圆，由 A 引 BC 的垂线交半圆于 F。再以 C 为圆心，CF 为半径画弧交 l 于 M，M 为所求点。"

米切尔有点犹豫地说："你画出来的点保证正确吗？"

"不信，我给你证明。"罗克在纸上证了起来：

连接 CF、BF，则 $\triangle BCF$ 为直角三角形。

$$\because \quad \triangle AFC \backsim \triangle FBC,$$

$$\therefore \quad \frac{CF}{CA} = \frac{CB}{CF}。$$

$$\therefore \quad CF^2 = CA \cdot CB。$$

$$\because \quad CF = CM,$$

$$\therefore \quad CM^2 = CA \cdot CB。$$

根据圆切割线定理的逆定理，M 点是过 A、B 两点与直线 l 相切的圆的切点。

罗克与米切尔大致估计了 M 点的位置，然后在 M 点藏好。这时，白发老人加紧向屋里射击，一边射击还一边大声嚷嚷，叫矮胖经理赶快投降。矮胖经理被激怒了，端起冲锋枪朝白发老人的方向猛烈射击。与此同时，米切尔在 M 点举枪等待时机，见矮胖经理刚一抬身，米切尔迅速扣动扳机，"砰"的一枪，正好打中他的右手腕，矮胖经理大叫一声，扔掉冲锋枪倒在了地上。

等了一会儿，不见动静。米切尔说：“你们掩护，我进去看看。”米切尔小心地摸进了屋里，转过桌子一看，地上只剩下一支冲锋枪，矮胖经理不见了。

打开保险柜

又矮又胖的海外部经理右手腕中了米切尔一枪，扔掉了冲锋枪，不知从哪个地方跑掉了。罗克拿起冲锋枪，高兴得不得了。

白发老人说：“先不要管那个矮胖经理，把珍宝取出来要紧！”

罗克指着一个大铁柜说：“珍宝应该藏在这个保险柜里了。”

白发老人走过去一看，保险柜用的是密码锁，并排三个可以转动的小齿，每个小齿可以显示从0到9这十个数码。

米切尔说：“这个密码锁比较简单，只要凑对了一个三位数就可以打开。”

“也不那么简单。”罗克说，“一个小齿有 0 到 9 共 10 种不同的数字；两个小齿有 $10\times10=100$(种)不同的数字；现在是三个小齿，会有 $10^3=1000$(种)不同的数字。这 1000 种不同的三位数要凑出来，可要费一阵子功夫!”

白发老人说：“那可来不及。嘿，你们看，这是个什么东西?”

米切尔和罗克仔细一看，在密码锁的上方有一行算式：

$$2^{2^5}+1$$

米切尔说：“这是一个奇怪的算式。”

罗克点点头说：“我知道了，这是 $n=5$ 的费马数。

“费马数? 什么是费马数?”白发老人弄不明白了。

“费马是 17 世纪法国著名数学家。”罗克开始介绍费马和费马数，“他找出一个公式：

$$F(n)=2^{2^n}+1。$$

他认为 n 依次取 0、1、2、3……时，这个公式算出来的数都是质数。”

米切尔问：“他证明了吗?”

“没有。他只对前 5 个这样的数进行了验算。”罗克随手写下前 5 个数：

$$F(0)=2^{2^0}+1=2+1=3;$$

$$F(1)=2^{2^1}+1=4+1=5;$$

$$F(2)=2^{2^2}+1=16+1=17;$$

$$F(3)=2^{2^3}+1=256+1=257;$$

$$F(4)=2^{2^4}+1=65536+1=65537。$$

罗克接着说："前5个数都是质数。第6个数太大，费马没接着往下算。可是费马断言：对于其他的自然数 n，这种形式的数一定也都是质数。后来，数学家就把 $2^{2^n}+1$ 形式的数叫做费马数，记作 $F(n)$。"

白发老人着急地问："费马这位老先生的断言究竟对不对呢?"

"不对!"罗克说，"18世纪瑞士著名数学家欧拉发现 $n=5$ 时，$F(5)$就不是质数了。我还清楚记得 $F(5)$的数值：

$$
\begin{aligned}
F(5) &= 2^{2^5}+1 \\
&= 4294967296+1 \\
&= 4294967297 \\
&= 641 \times 6700417。
\end{aligned}
$$

结果它是一个合数。"

米切尔笑着说："费马也太武断了，只算了前5个就敢说对任何自然数都成立!"

"还有有趣的哪!"罗克说，数学家后来又接着往下算，又算出46个费马数是合数，还有一些费马数如 $2^{2^{17}}+1$、$2^{2^{20}}+1$、$2^{2^{22}}+1$ 等，一时还无法确定是合数还是质数。但是有一点可以肯定，当 $n>4$ 时，还没有发现一个费马数是质数。有的数学家就猜想：除去 $n=0$、1、2、3、4外，$F(n)$都是合数。"

"哈哈……"白发老人笑着说，"真是太有意思了。跟你这位小数学家在一起，真长见识!"

"故事讲完了，开保险柜的密码我也找到了，这就是641。"

罗克说完，就把三个小齿轮拨成641，然后用力一拉，保险柜的门就打开了。珍宝箱果然在里面。

米切尔说："多亏咱们这儿有位数学家，不然的话，这个十位数，谁会把它分解成质因数呀!"

罗克介绍说："E国L珠宝公司使用的是最新的'RSA密码系统'。这个密码系统是特工人员使用的高级密码系统。破译这种密码，需要有能力把一个80位数分解成质因数的连乘积。但是，将一个大数分解成质因数连乘积是十分困难的。"

白发老人点点头说："连特务都在数学上打主意。来，咱们把珍宝箱子抬出来。"

罗克说："让我和米切尔抬。"可是，两人把箱子往外一抬，脸色就变了。罗克赶忙把箱子打开一看，啊！箱子里空空如也，珍宝不知去向啦!

罗克瞪圆了眼睛说："这不可能！是我亲手把珍宝箱放进保险柜里的，当时珍宝箱还挺重的，怎么过了一会儿，箱内的珍宝全没有了呢?"

米切尔狠命地一跺脚说："这简直是变戏法。"

白发老人把身子探进保险柜，用拳头砸了砸柜底，发出"咚、咚"的声音。白发老人一指柜底说："问题就出在这儿，柜底是空声，表明柜底是活的，下面是空的，可以打开柜底，从下面把珍宝箱拿出去，等把珍宝拿出箱子，再把箱子送回保险柜。"

罗克和米切尔都佩服白发老人的分析。罗克补充说："那个矮胖经理手腕上中了一枪，也突然不见了，可能也从地下跑了。

这些地板，可能有很多块都是活的。”

罗克在屋里到处走，一边走一边用力跺地板，想找一找哪块地板下面是空的。当他走到屋子正中央用力跺地板时，地板忽然翻转了一下。罗克大喊一声：“啊呀!”一下子就掉到地板下面去了。

白发老人和米切尔眼睁睁地看着罗克掉了下去，想救都来不及了。

数学白痴大胡子

地板一翻转，罗克掉了下去，重重地摔到下一层船舱中了。大胡子正坐在沙发上玩弄他那支无声手枪，见罗克掉了下来，先上前拾起那支冲锋枪，然后笑着说：“我知道会有人掉下来的，

我在这儿等半天啦!”

大胡子用手枪指了指上面问：“那两个人什么时候掉下来?你把他俩一起叫下来算啦！省得待一会儿我还要上去抓他们。”

“哼!”罗克从地上爬起来，狠狠瞪了大胡子一眼。

大胡子皮笑肉不笑地对罗克说：“嘿嘿，听说你还是位数学家，小小年纪，真看不出你有这么大本事。我从小数学不好，不瞒你说，我从小学四年级开始，数学考试就没及格过。我们头儿也利用我数学不好常常骗我。”

罗克没心思听他胡言乱语，心里琢磨着如何逃出去。

“喂，我说话你听见没有?”大胡子发现罗克有点心不在焉。

罗克点点头说：“我听着呢!”

大胡子招招手让罗克靠近一点，然后小声对罗克说：“我们的头儿，就是那个又矮又胖的经理刚才对我说，只要我能帮助他把这批珍宝弄回 E 国，他就把珍宝分给我一份。”

罗克心里暗骂，你们这伙强盗，梦想瓜分神圣部族的遗产，我绝不让你们的阴谋得逞。

罗克心里虽然这样想，嘴里却说：“他分给你多少啊?”

大胡子美滋滋地说：“我们头儿说将来分给我 x 件珍宝。他还给我作了具体安排：

$\frac{x}{2}$件珍宝用于买一座大房子；

$\frac{x}{5}$件珍宝买一辆高级轿车；

$\frac{x}{5}$件珍宝送给我老婆；

6 件珍宝送给我儿子；

4 件珍宝送给我女儿。

你能帮我算算，一共分给我多少珍宝？你帮我算出来，我就放了你。”

罗克问：“真的？你说话算数吗？”

大胡子站起来一拍胸脯说：“我大胡子说话从来就是说到哪儿做到哪儿，我如果说话不算数，将来就不得好死！”

“好吧，我来给你算算。”罗克拿出纸和笔边写边说，“你们经理分给你 x 件珍宝，而这 x 件珍宝全有了用场。所以，把买房子、买轿车、给你老婆孩子的珍宝加在一起正好等于 x 件。”

大胡子高兴地说：“你不愧是大数学家，这么难的问题经你这么一分析，有多清楚！我怎么就不会呢？”

罗克笑了笑，随手列出一个方程来：

$$\frac{x}{2}+\frac{x}{5}+\frac{x}{5}+6+4=x。$$

整理，得 $\frac{x}{10}=10$。

$x=100$（件）。

“你可以得到 100 件珍宝。”

“啊！”大胡子大叫了一声，“扑通”跪到了地上，左手轻轻扶着受伤的右手，大声叫道：“我的上帝！整整 100 件珍宝，这要值多少钱哪！我发大财啦！”

罗克在一旁冷冷地说：“不过，你别高兴过早了。据我所知，珍宝箱中总共才有101件珍宝，你们头儿怎么可能分给你100件，他只拿1件珍宝回去交差？”

“有这种事？”大胡子慢慢地从地上又站了起来。

他抢过罗克手中的算稿看了又看，问：“你不会算错吧？”

罗克一本正经地说：“怎么会错呢？我不是数学家吗？好啦，我已经给你算出来了，该放我走啦。”

大胡子对矮胖经理又骗了他十分生气，他对罗克说：“你可以走啦，我要找胖子算账去！”

罗克刚想走出去，大胡子又把他叫了回来，对他说：“你出去后，可千万别乱跑，这里面布满各种装置，稍不留神，就会把命搭进去。我劝你赶快离开这艘3号海轮，逃命去吧！”

罗克冲大胡子点了点头说：“谢谢你的关照，再见！”罗克走出这间船舱来到通道。这时他心里只想着赶快找到白发老人和米切尔。

罗克想，我是从上面一层船舱掉下来的，我必须回到上面一层去，才能找到他们。罗克开始找楼梯，可是前前后后找了个遍，也没找到。忽然，他发现有一个洞，一条绳子从洞中吊下来。他走近一看，原来这个洞从船板一直通到船底，这是为船员紧急下舱准备的。

罗克自言自语地说：“我顺着这根绳子爬上去不就成了吗？对，我在学校爬绳练得还是可以的。”说完，他向手心吐了口唾沫，双手抓紧绳子，然后手脚并用开始向上爬。爬呀爬，离上层楼板只有一臂的距离了，突然绳子一松，罗克大叫了一声，他穿过一个个圆洞，直向船底掉下去……

船舱大战

罗克抓紧绳子正往上爬，突然绳子松开了，他双手握住绳子迅速向船底掉下去。这时就听到大胡子在甲板上“哈哈”大笑。

大胡子说：“掉下去至少也要摔个半死哟！”

罗克心想，这下子可完了，从这么高的地方掉下去，肯定要摔死！

突然，绳子被人从上面拉住了，罗克趁停止下落的一瞬间，赶紧跳到船板上。他刚刚站稳，就听上面有人在大声叫喊，是米切尔和大胡子在相互喊叫，接着就是一阵激烈的枪战。罗克真想也跟着打一阵子，可惜自己缴获来的冲锋枪被大胡子拿走了。

双方打得还挺热闹，忽然大胡子叫了一声，罗克顺着洞口向上看，只见大胡子用左手捂着右胳臂，摇摇晃晃要顺着圆洞往下掉。罗克心想，不能让大胡子摔死，留着他对找到珍宝有用。想到这儿，罗克把一个长沙发堵在洞口。这时上面又“砰”的一声响了一枪，大胡子又叫了一声，身子一歪就掉了下来。罗克赶紧闪到一旁，只听“扑通”一声，大胡子摔到了沙发上。

罗克跑上前去，从大胡子手中夺过冲锋枪，又从他腰里拔出

无声手枪。罗克高兴地说：“这下子全归我啦！”

罗克端着冲锋枪对着大胡子大喊：“快站起来，不要装死！”大胡子一声也不吭。罗克心想，大胡子死啦？罗克把手伸到大胡子的鼻子前面，想试试他还会不会呼吸。谁想到，罗克刚把手伸过去，大胡子一把揪住了他的手腕子，然后用力一拧，就把罗克的手拧到了背后。大胡子的手非常有劲，痛得罗克“哎哟”直叫。在这千钧一发之际，一个黑影从天而降，这个人落在沙发上又重新弹起，在弹起的一瞬间，此人飞起一脚，将大胡子踢了个四脚朝天。

来人不是别人，正是米切尔。罗克一边甩动着被拧疼的手，一边小声嘀咕说：“嗬！没想到米切尔还真有两下子。”

米切尔笑了笑，也没说话，赶紧把大胡子的腰带解下，把大胡子捆了起来。

白发老人从圆洞中探出头来向下喊："米切尔，罗克，审问大胡子。问问他珍宝藏在哪儿？再问问他那个矮胖经理跑到哪儿去啦？"

米切尔答应一声，然后对大胡子说："你们L珠宝公司派来的这批强盗都被我们抓到了，现在只剩下你和你们经理。你若想得到从宽处理，就老老实实交代！"

大胡子如同一条丧家之犬，低着头瘫坐在沙发上。米切尔见大胡子右手臂又受了伤，就找了块布给他包扎了一下。

大胡子说："珍宝我交给了我们经理了，这位数学家可以作证。我是把珍宝箱连同这位数学家一起交给经理的。他后来把珍宝藏到哪儿，我就不知道了。"

米切尔问："你们的经理现在在哪儿？这艘海轮上可有什么密室暗舱吗？"

"经理具体藏在哪儿，我还真说不清楚。"大胡子说，"不过，这艘船确实有一间屋子除了经理可以去，别人谁也不许去。这间屋子的具体位置除了经理之外，谁也不知道。"

罗克插话说："废话，你刚才一定见过你们经理，不然的话，捆你的绳子谁给解开的？你既然见到了经理，经理不会不告诉你他的去向！"

"说得对！"米切尔说，"搜他的身上。"

罗克开始翻大胡子的口袋，结果从他的上衣口袋里搜出一张纸条，纸条上写着：

68 ⇒ ⟳ ⇒ + ⇒ ⟳ ⇒ + ……

米切尔问：“这纸条上写的是什么意思？这是谁写的？快老实交代！”

“这……”大胡子一看实在瞒不住了，只好如实交代，“绳子是经理给我解开的，他让我守候在翻板前，等着抓你们 3 个人。临走前，他塞给了我这张纸条。”

米切尔对罗克说：“这种神秘的东西也只有你能破译出来。”

罗克接过纸条说：“试试吧！”他低着头琢磨了一会儿。白发老人在上面等着知道结果。

罗克说：“我明白啦。纸条的意思是，把 68 颠倒一下，变成 86，两数相加，把所得的和再首尾颠倒相加。我来具体做一下。”

$$
\begin{array}{r}
68 \\
+\quad 86 \\
\hline
154 \\
+\quad 451 \\
\hline
605 \\
+\quad 506 \\
\hline
1111
\end{array}
$$

“到此为止，不能再做了。”罗克指着最后结果说，“数学上，把 1111 叫做‘回数’。”

“回数是什么？”米切尔不大懂。

“要弄懂什么是回数，首先要明白回文。”罗克介绍说，“回文是我们中国特有的一种文学形式。将一个词或一个句子正着念、反着念都是有意义的语言叫回文。比如‘狗咬狼’，反着念是‘狼咬狗’，两句都有意义。”

米切尔说：“还挺有意思的。”

罗克又说：“我国诗人王融曾作过一首《春游回文诗》十分有名，我至今还能背下来：

风朝拂锦幔，月晓照莲池。

把这首诗反过来就是：

池莲照晓月，幔锦拂朝风。

也是一首诗。”

米切尔摇摇头说：“不成，我对你们中国的诗词还欣赏不了。”

“那么咱们回过头来再谈数学吧。”罗克说，“如果一个数，从左右两个方向读结果都一样，就把这个数叫做回文式数，简称回数。比如，101、32123、9999都是回数。”

米切尔点点头说：“这么说，1111是个回数了。唉，我有个问题：是不是任意一个数这样颠倒相加，最后都能得到一个回数呢？”

罗克摇摇头说：“这个问题没有定论。有的数学家猜想：不论开始时选用什么数，在经过有限步骤后，一定可以得到一个回数。关于这个猜想至今还没有人肯定它是对的，或者举出反例说它是错的。不过，有一个数值得注意，这个数就是196，有人用电子计算机进行了几十万步上述的运算，仍没得到回数。当然，尽管几十万步没算出回数来，也不能断定永远算不出回数来。”

白发老人在上面等不及了，他趴在洞口向下大声喊道：“你们俩还磨蹭什么呢？还不把藏珍宝的具体地点问出来。”

米切尔回答说：“我们得到一份重要情报，正在研究，您再稍等一会儿。”

米切尔问：“罗克，你说这1111能表示些什么呢？房间号码吧，没这么大；保险柜号码吧，这保险柜在哪儿呢？”

罗克思考了一下，回过头问大胡子：“这艘海轮有几层舱？”

大胡子回答：“一共5层舱。”

罗克分析说：“密层一般设在下层。把1111这个回数的4个1相加 $1+1+1+1=4$，说明密室在4层舱。$1111^2=1234321$，说明1111的平方也是一个回数，中间的4已经知道是表示层数，从4向两边念都是321，表明密室在4层321室。”

米切尔一拍大腿说：“分析得有理！走，拿上枪，去4层321室找珍宝去！”

罗克指着大胡子问米切尔说：“这个大胡子怎么处理？”

米切尔说：“带着他一起走，他对我们还有用处。”

罗克用枪一捅大胡子说：“走，带我们去4层321号房间，快点！”

大胡子慢腾腾地站起来，嘴里嘟嘟囔囔地说：“其实，这就是4层舱，可是我从来就没听说有个321号房间。”

“啊？”罗克和米切尔同时瞪大了眼睛。

321 号房间在哪儿

“4 层舱没有 321 号，这不可能！”罗克坚信自己的推算不会有错误。

米切尔也感到奇怪，他说：“4 层舱房间的号数，第一个数字应该是 4 才合理，怎么会是 3 呢？”

罗克问大胡子：“3 层舱中有没有 321 号房间？”

大胡子摇摇头说：“3 层舱中到 320 号就到头了，也没有 321 号房间。”

“怪呀，这 321 号房间会在哪儿呢？”米切尔紧皱双眉在想。

白发老人从上面下来了，他听到这个怪问题之后，就低头琢磨起来。突然，他一拍脑袋说：“既然 3 层没有，4 层也没有，而这里有 3 又有 4。另外，3 层到 320 号就完，这里却冒出个 321 号来。我想，这间密室一定在 3 层和 4 层之间，也就是在 3 层半。”

白发老人的一句话提醒了罗克和米切尔。米切尔用力拍了一下自己的后脑勺说：“说得对呀！我怎么想不起来呢？”

三个人立即押着大胡子找到连接 3 楼和 4 楼的楼梯，米切尔和罗克顺着楼梯上上下下走了好几趟，也没看见有个门。没有门，这个 321 号房间会在哪儿呢？

罗克顺着楼梯再一次仔细搜寻，他站在楼梯的中间全神贯注地看着周围墙壁。突然，罗克发现了什么，他指着墙上一个隐约可见的小方框喊道：“米切尔，你快看！”

米切尔揉了揉眼睛仔细看了看说："是一个方框，方框中间有一个雪花图案，周围有一圈方格，方格中填有许多数。这是个什么东西啊？"

"一时还说不好。"罗克说，"如果中间不是雪花而全换成数字的话，它非常像幻方。"

1	23	20	14	7
15				18
22				4
8				11
19	12	6	3	25

"幻方？幻方是什么东西？"米切尔一个劲儿地摇头。

罗克见米切尔对幻方一窍不通，就简单地介绍了几句说："最早的幻方产生在我们中国。相传在很久以前，我国的夏禹治水到了洛水，突然从洛水中浮起一只大乌龟。乌龟背上有一个奇怪的图，图上有许多圈和点。这些圈和点表示什么意思呢？一个人好奇地数了一下龟甲上的点数，再用数字表示出来，发现这里面有非常有趣的关系。"罗克在纸上画了一个正方形的方格，里面填好数。罗克指着图说："这个图共有 $3\times3=9$ 个小方格，把从1到9这九个自然数填进去，其特殊之处在于：不管是把横着的三个数相加，还是把竖着的三个数相加，或者把斜着的三个数相加，其和都等于15。”

4	9	2
3	5	7
8	1	6

米切尔听入了神，一个劲儿地说：“真有趣！”

“这就是幻方，中国也叫九宫图。”罗克指着墙上的图说，“这个图非常像幻方，只是它中间不是数而是个雪花图案。”

1	23	20	14	7
15	□	□	□	18
22	□	□	□	4
8	□	□	□	11
19	12	6	3	25

“我把这个雪花图案揭下来看看。”米切尔一伸手很容易就把雪花图案揭了下来，原来是不干胶纸贴上去的。揭下雪花图案，里面露出 9 个白色的方电钮。

“啊！这里有电钮！”米切尔非常高兴地说，“按一下电钮就能把 321 号房间的门打开。可是……按哪个电钮才对呢？”

罗克低着头一言不发，不知他心里盘算什么。

米切尔有点着急，他催促罗克说：“你琢磨出来没有？应该按哪个电钮啊？”

罗克还是一言不发，低着头琢磨。米切尔见他还没想好，也就不说话了。想了有好一阵子，罗克的脸上出现了笑容。

罗克说："恐怕单按其中一个电钮是不成的。要 9 个电钮都按。"

"都按？一个电钮按一下？"米切尔感到很新鲜。

罗克摇摇头说："不，每个电钮按的次数都不同。这是一个 5 阶幻方，25 个方格要把从 1 到 25 这 25 个自然数填进去。现在它已经填出 16 个数，剩下的 9 处应该填的数不要往里填，而是在相应的电钮上按几下。"

米切尔点点头说："说得有理。不过这个雪花有用吗？"

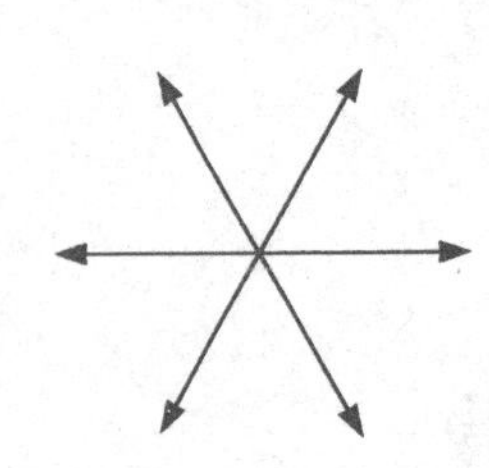

"有用！它告诉我们要填成雪花幻方。"罗克显得十分沉着。他不等米切尔发问，就解释说，"雪花幻方要求呈雪花状的 6 个数，两两相加其和相等。"说着罗克就画了个示意图。

米切尔听后直咋舌，他说："这条件也太苛刻了。不但横着加、竖着加、斜着加其和应该相等，中间部分还要有讲究。"

"想想办法总是可以解决的。"罗克说，"从 1 到 25，已经填进去 16 个数了，还剩下 2、5、9、10、13、16、17、21、24 这 9 个数。关键是从中找出 4 对其和相等的数。"

米切尔赶紧说："我来给你凑一凑，看看是哪 4 对。"

罗克摇摇头说："凑数要凑好半天哪！"

米切尔问："你有什么好办法？"

罗克说："如果不是9个数而是8个数，要凑成两两相等的4对，那是很好办的。只要把这8个数加起来，再除以4就得到每一对数的和了。有了和数再去挑选数就方便多了。"

米切尔插话道："可是，现在不是8个数而是9个数。"

"9个数也不要紧，你也把它们相加，然后再用4.5去除，取商的整数部分。我来具体做一下。"罗克说完就算了起来：

$(2+5+9+10+13+16+17+21+24)\div 4.5=117\div 4.5=26$。

罗克说："刚好等于26，说明雪花中心点一定是13，你把13刨除在外，把其余8个数按其和为26来凑吧！"

米切尔很快就凑了出来：

$2+24=5+21=9+17=10+16=26$。

1	23	20	14	7
15	9	2	21	18
22	16	13	10	4
8	5	24	17	11
19	12	6	3	25

罗克接着说："每个幻方，横着加、竖着加、斜着加都等于同一个常数，数学上把这个常数叫做幻方常数。算幻方常数有现

成的公式：$\frac{n}{2}(1+n^2)$。

这里是 5 阶幻方，$n=5$，则$\frac{5}{2}\times(1+5^2)=65$，最后按幻方常数 65 来填写就行了。”

罗克真不愧是数学天才，没过多会儿就把 9 个数填进中间空格中了。

米切尔非常高兴，他说：“我来照着这个表来按电钮。”米切尔把左上角的电钮按了 9 下，接着把右边与它相邻的电钮按了两下，依次按下去，当他把右下角的电钮按完 17 下时，墙壁“哗啦”一声向上提起，里面是一间密室，海外部经理正在里面打电话。

这位矮胖经理见门突然打开，吓了一跳，他随手拿起一支冲锋枪向门外猛扫了一梭子，米切尔和罗克大叫一声，从楼梯上跳了下去。

三角形小盒的奥秘

由于罗克和米切尔事先早有准备，暗门一打开，见到矮胖经理要拿枪，两人大喊一声，同时跳下楼梯。

矮胖经理拿着冲锋枪追了出来，想追杀罗克和米切尔。他刚一露面，只听“砰”的一声枪响，矮胖经理“哎哟”一声，从暗室里摔了下来，白发老人敏捷地跑了过来，把矮胖经理捆了起来。原来矮胖经理从暗室里刚一露头，就被白发老人打了一枪。白发老人枪法极准，这一枪正中矮胖经理的左臂。

白发老人一挥手说：“快进暗室找珍宝！”

罗克和米切尔快步跑进暗室，可是暗室里除了一张写字台和一把转椅，其他什么东西都没有。白发老人把矮胖经理和大胡子押进暗室。

白发老人问矮胖经理：“你把抢来的珍宝藏到哪儿去了？”

矮胖经理把头向上一扬说：“有能耐自己去找，本人无可奉告！”

见矮胖经理这个顽固劲，白发老人知道问他也无用。白发老人说：“在屋里仔细搜查！”

罗克和米切尔把整个屋子上上下下搜了个遍，可是什么也没发现。罗克不甘心，又仔细搜了一遍，终于在转椅下面找出一个等腰三角形状的小盒子，盒子上有许多小孔，孔与孔之间都用加号连接，最上面一个孔中填着90。

⑨⑩

○ + ○ + ○

○ + ○ + ○ + ○

○ + ○ + ○ + ○ + ○

○ + ○ + ○ + ○ + ○ + ○ + ○ + ○ + ○

○ + ○ + ○ + ○ + ○ + ○ + ○ + ○ + ○ + ○ + ○ + ○

罗克翻看小盒子背面，背面写着：

注意事项：

1. 每一行的圆孔中要填写连续自然数，使每一行各数之和都等于90；

2. 填对了将获得幸福，填错了意味着死亡。

罗克问矮胖经理说："这个小盒子有什么用?"

矮胖经理把大嘴一撇说："有什么用？用途可大啦！只要把圆孔中的数填对了，要金银有金银，要珠宝有珠宝。要是填错一个数，'砰'的一声，你的小命就完蛋喽！你敢填吗?"

矮胖经理的一番话，气得米切尔把牙咬得"咯咯"响，扬起拳头就要揍矮胖经理，罗克伸手给拦住了。

罗克笑着说："不用打他，让这位经理站在我的对面，距离一定要近。我往里填数，万一'砰'的一响，我死了，经理也别想活!"

一听罗克这么说，矮胖经理脸色陡变，战战兢兢地不肯走近罗克。米切尔硬把矮胖经理推到了罗克对面。

罗克拿起笔来就要填数，吓得矮胖经理连声大叫："慢，慢。你一定要想好后再填，一旦填错一个数，不光你我完了，整艘船也将沉没。"

白发老人走过来说："既然是这样，你把抢走的珍宝痛快地交还我们，以免船毁人亡。"

“唉!”矮胖经理叹了口气说,“我何尝不想把珍宝交给你们,可是我只会把珍宝藏进暗室的保险柜里,并不会打开取出来。”

白发老人两眼一瞪说:“一派胡言!我们这儿有小数学家罗克,你不说也照样能把珍宝找出来。罗克,开始填数!”

罗克答应一声,就开始往小圆孔中填数。先填3个小圆孔一排的。他先做了一次除法:$90 \div 3 = 30$,很快就填进3个连续自然数$29 + 30 + 31$;接着填4个圆孔一排的。他也做了一次除法:$90 \div 4 = 22.5$,罗克很快就填进4个连续自然数$21 + 22 + 23 + 24$。

他如此做下去,很快就把所有的圆孔都填上了数。

⑨⓪

㉙ + ㉚ + ㉛

㉑ + ㉒ + ㉓ + ㉔

⑯ + ⑰ + ⑱ + ⑲ + ⑳

⑥ + ⑦ + ⑧ + ⑨ + ⑩ + ⑪ + ⑫ + ⑬ + ⑭

② + ③ + ④ + ⑤ + ⑥ + ⑦ + ⑧ + ⑨ + ⑩ + ⑪ + ⑫ + ⑬

罗克刚把所有的数都填完,写字台突然向前移动,接着响起一阵“嘟嘟”声,从下面升起一个平台,平台上有一个箱子。罗克和米切尔把箱子抬下来打开一看,101件珍宝一件不少全在里面。

“珍宝找到喽!珍宝找到喽!”罗克和米切尔高兴得又蹦又跳。

矮胖经理一屁股坐在了地上，低着头说：“完了，一切都完了！”

这时海轮外面人声鼎沸，是乌西首领带着几十名士兵前来接应来了。

白发老人、罗克、米切尔押着矮胖经理和大胡子，抬着装有珍宝的箱子走下了海轮。乌西首领快步走上前与三个人一一热烈拥抱。

乌西紧紧搂住罗克，眼含热泪动情地说：“谢谢你，罗克！

没有你的帮助，我们神圣部族的这批珍宝是不可能找到的。即使找到了，也会被这些外国强盗抢走。你是神从天降，帮了我们大忙啦！”

罗克笑了笑说：“我是从天而降，可我不是神。我是飞机遇险者，如果不是落在你们岛上，不经过你们及时抢救，我也早就完了。我应该感谢你们才对！”

大家有说有笑，好不热闹。忽然，罗克显出很焦急的样子。乌西忙问：“罗克，你怎么啦？太累啦，还是有点不舒服？”

罗克摇摇头说：“距数学竞赛只有两天了。原来我可以搭乘这艘轮船去华盛顿，没想到这是一艘贼船，船上的人都被我们抓起来了，这下子我可怎么去参加比赛呢？”

“嘿，这事用不着犯愁。”乌西拍了拍罗克的肩头说，“我们神圣部族有好多人会开这种大轮船，我立即组织一个班子，送你去华盛顿！”

班子很快就组织好了，里面有船长、大副、轮机长……人员齐备，米切尔也随船送行。

天刚蒙蒙亮，一声清脆的长笛划破海岛的宁静，轮船起航了。岸边站满了送行的人，乌西、白发老人向轮船上的罗克频频招手，罗克也挥手道别。岸上的人目送轮船消失在晨雾中。

结　束　语

罗克乘船顺利地到达了华盛顿，当他出现在中国中学生奥林匹克代表团驻地时，黄教授和先期到达的同学都高兴极啦！同学们高呼："我们的比杆多耳终于来啦！"

比赛第二天开始，罗克精神饱满地投入了比赛。经过激烈的角逐，中国队获得团体总分第一，罗克和另外五名中国选手全部获得金牌。

啊，罗克，未来的大数学家！

铁 蛋 博 士

铁蛋，我们大家可能都认识他。就是那个又聪明又机灵的小男孩，待人挺热情，爱打抱不平。对，还喜欢帮助小同学，办事也挺热心。

这孩子怪招人喜欢的。他的学习好吗？

唉！就是有这点儿小毛病。他呀，上课不大爱专心听讲，有时候还爱搞点儿小动作。所以，他的功课学得不怎么样，特别是数学。

铁蛋着急吗？

铁蛋不着急。他认为这也不是什么大缺点。他从来都是高高兴兴的。

你瞧，这不是铁蛋来了！喏，就是背着书包的那个男孩。

哟，怎么啦！他怎么撅着嘴呀？

铁蛋当上了数学博士

今天，铁蛋可有点儿不大高兴，他的数学考试得了59分。再多一分，就不用补考了。偏偏差这一分，真伤脑筋。铁蛋拿着这张卷子，无精打采地往家走。

正走着，从一棵大树后面闪出来一个小人，铁蛋近前一看，浑身上下是小丑的打扮，原来是木偶剧团的演员“小机灵”。

铁蛋心里正烦着他那59分呢，也没顾得上想一想，木偶剧团的演员怎么能随随便便就溜出来了。小机灵却十分热情，拉住铁蛋的胳臂说：

“哎呀，铁蛋！今天晚上我们木偶剧团演出新戏，你跟我一块儿去看戏吧！”

听说是去看木偶戏，铁蛋高兴得跳了起来，把数学不及格的事儿一下子忘到了脑后，跟着小机灵看戏去了。

走哇，走哇，左转一圈，右转一圈，连木偶剧团的影子都没见到，天也渐渐黑了。这可怎么办呢？

铁蛋拉着小机灵的手说："小机灵，咱们俩准是走错路了，我的肚子也饿啦，咱们回家吧！"

小机灵叹了一口气，挠着脑袋说："唉，真倒霉。铁蛋，都怪我不好，领你走错了路。前面好像有灯光，咱们上那儿去看看。"

他俩朝着有灯光的方向走去。走着，走着，铁蛋产生了一种奇怪的感觉，他觉得周围的树木好像突然变矮了，房子也变矮了，连模样也变了，就好像全是用积木搭起来似的。

这是到了哪儿？铁蛋和小机灵走到一幢小房子的跟前，还没敲门，却听见屋里有嘈杂的人声，声音挺大，一直传到了窗外。

一个人说："唉呀！咱们胖总统出的数学题可真难，到现在还没一个人能算出来。"

另一个人说："唉！咱们胖总统嘛，特别爱数学，可偏偏咱们矮人国的人，又都不怎么懂数学。"

又有一个人说："所以胖总统特别喜欢懂数学的人才，他不是专门设了数学博士的学位，要招聘数学人才吗！"

铁蛋从窗户外面探头往里一看，只见屋里坐着许多从来没有见过的小矮人，正在那儿谈得津津有味，可谁也没有认认真真去做一道题。

小机灵趴在铁蛋的耳朵旁边，小声说："铁蛋，你不已经是五年级的学生了吗，你去帮他算一算。"

铁蛋赶紧往后退，摇摇头说："不行，不行，我的算术不怎么样。"

小机灵不管三七二十一，把铁蛋推进了矮房子。他向小矮人们介绍说："各位，这位是我的朋友铁蛋。你们有什么数学难题解决不了，只管问他，他都能帮你们解决。"

小矮人们听说铁蛋会算数学难题，全都轻松地出了一口长气："啊——"

一个瘦瘦的矮人站起来说："铁蛋，昨天我们的胖总统出了一道非常难非常难的数学题，他宣布：谁要是算出来了，就请他当'数学博士'。你要是能把它算出来，那可就太好了。"

铁蛋怯生生地问："是一道什么样的难题呀？"

"你可要注意听着，"瘦矮人的脸上表情严肃，一字一顿地说："15加15，等于多少？"

铁蛋一听，心中一块石头落地，差点儿乐出声来。心想，这算什么数学难题呀！他立刻回答说："等于30！"小矮人们又全都惊讶地出了一口长气："啊——"那意思是：没想到，铁蛋这孩子，连想都不用想，就算出来了！真不简单。他们低声商量了一下，那个瘦矮人就站了出来，代表大家宣布说：

"铁蛋，你的数学真棒，令人十分钦佩，我们要带你去见胖总统。"

胖总统一见铁蛋还只是一个小孩，可已经算出了矮人国的公民们还没有算出来的数学难题，心里已经有些高兴。为了考查一下铁蛋，又加出了几道难题，他问：

“100 + 100 = ?”

“200！”铁蛋果然不假思索就答了出来。

“185 - 45 = ?”胖总统又问。

“140。”铁蛋对答如流。

“18 - 18 = ?”胖总统想，这个问题大概能难住铁蛋了。

“0 呀！”铁蛋一点儿也没被难住。

铁蛋一口气答出了胖总统的三道难题，使胖总统感到十分惊讶。他问铁蛋：

“铁蛋，看来你是一个非常用功的好学生，学习成绩一定很优秀。你都学过哪些数学啦？”

几句夸奖的话，把铁蛋的脸都说红了。他很不自然地用手按了按装在口袋里的数学答卷，那上面他只考了59分呀！

小机灵不知道铁蛋的秘密，他把脑袋一晃，显露出木偶演员的口才，滔滔不绝地夸起了铁蛋。他对胖总统说：

“铁蛋可是个好学生呀，特别是数学，不管是几十位的加减法，还是上百位的乘除法；不管是求最大公约数、最小公倍数，还是小数、分数、混合运算，他都会。算术中出名的难题，什么‘鸡兔同笼’啦，‘围城植树’啦，‘流水行船’啦，等等，都不在话下。至于算个三角形的面积，圆锥体的体积等等，也都不成问题……”

铁蛋听小机灵越说越玄，心里很不是滋味，赶紧用手拉了拉小机灵的衣服，不让他再说下去。

可胖总统听得心花怒放，十分高兴地站了起来，大声说：“我宣布，从现在起，任命铁蛋为我们矮人国的‘数学博士’。”

胖总统的话音刚落，总统府里响起了长时间的鼓掌声。胖总统接着说：“铁蛋，今后你就留在我身边，做我的数学顾问吧！”

铁蛋心里扑腾扑腾地直跳。他对胖总统说：“那可不行，我出来没对爸爸妈妈说，也没向老师请假。”

胖总统说：“这不要紧，小机灵可以先回木偶剧团，托他给你带个口信回去。”

小机灵也说："铁蛋，这一切你都不用担心，我回去以后，先去你的爸爸妈妈那里，告诉他们，你在这儿当上数学博士了，叫他们别挂念。老师那儿，我也去给你请个假。"

铁蛋转过脸，低声埋怨说："小机灵，你在胖总统面前把我吹得那么神，可是我的算术学得并不好呀！"

"这没关系，你不是一个小学生吗？以后还可以继续学习呀！"小机灵说着，从口袋里拿出一个小黑盒子递给铁蛋说，"这是带电视的通话机，你要是遇到什么困难，用它叫我好了。"

铁蛋接过通话机又问："我用它呼叫爸爸妈妈，或者呼叫老师，也行吗？"

"行。它是万能通话机，你想叫谁都行。"

铁蛋这才稍稍放了心，他依依不舍地把小机灵一直送到矮人国边境。

"你可别把我留这儿就不管啦！"铁蛋先叮嘱了一句，才接着说，"小机灵，再见！"

"好好地当你的数学博士吧！"小机灵嘻嘻地笑着回答，"我会经常来看你的，你放心！铁蛋博士，再见！"

铁蛋就这样留在矮人国当上了数学博士，一切都很快乐。也有些小矮人来请他帮助解决数学问题，不过都很简单，铁蛋毫不费力就给解决了，所以，铁蛋就又像以前那样总是高高兴兴的了。

不料有一天，天刚蒙蒙亮，一阵震耳欲聋的枪炮声把铁蛋从梦中惊醒了。一个卫兵慌慌张张地闯进铁蛋的房间说：

“铁蛋博士，长人国前来侵犯我国边境了，胖总统要火速派军队出击，请你马上去商量委任军团司令的大事。”

博士差点被枪毙

胖总统紧急召见了铁蛋博士。胖总统说：“铁蛋博士，今天清晨，长人国进犯我国边境。我们矮人国现在一共有三个军团，A 军团有 91 人，B 军团有 140 人，C 军团有 112 人，你看我得任命多少名军官去统帅这三个军团才好？”

铁蛋问：“总统，您有什么要求吗？”

“我们矮人国，人小，心眼也特别小，每个军官都要求自己带领的士兵人数一样多，少一个也不行。另外，为了保存实力，作战的时候也不能三个军团同时都开上前线，只能一个军团一个军团地出击。所以，我需要知道，最多任命多少名军官，使得这几名军官不管是去统帅 A 军团，还是去统帅 B 军团、C 军团，每名军官所带领的士兵都一样多。”

铁蛋听了胖总统的话，马上就变得不那么高兴了。天知道得派几名军官才合适呢——问派几名军官，可以肯定它是一道数学题。可这是一道什么数学题呢？

铁蛋记起了数学课张老师的话，他一讲到数学应用题的时

候，总是反反复复地提醒同学们说，要做题先得会审题。

铁蛋皱起了眉头去“审”胖总统出的题。加法？不像。减法？也不像。乘法？更不像了！看来很像一道除法应用题，可是该用谁去除谁才合适呢？铁蛋可就想不大清楚了。

胖总统见铁蛋直皱眉头，半天没有回答，心里很着急，说：“铁蛋，你倒是快点算呀！算不出来，我就没法出兵了。”

铁蛋心里比胖总统更加着急，他想：91、140 和 112 这三个数中，最小的数是 91。就说 91 吧，让胖总统派 91 名军官去 A 军团，正好一名军官带领一名士兵，谁也不会生气。

铁蛋赶紧回答：“报告总统，我算出来了。您任命 91 名军官最合适。”

胖总统听了铁蛋博士的回答，认为万无一失，马上下令：任命 91 名军官，统帅人数最多的 B 军团，火速还击长人国的军队。

没想到，胖总统的命令传达下去，没过一会儿，就听得总统府的外面人声嘈杂，又吵又闹，乱成一团。

胖总统正要问外面发生了什么事情，一名士兵跑进来说：“报告总统！不好了。您新任命的 91 名军官，去统帅 B 军团的时候，由于每名军官所带的士兵不一样多，发生了争吵。”

刚报告完，就看见91名军官分成两派，乱哄哄地涌进了总统府。

胖总统连忙问："各位带的士兵，怎么会不一样多呢？"

一名军官对胖总统说："报告总统，我们91名军官到了B军团。您知道，B军团有140人。先去的49名军官，每人带领了两名士兵。我们后去的42名军官，每人只能带领一名士兵。这怎么能行呢？"

胖总统气冲冲地对铁蛋说："铁蛋，你是怎么搞的，算错了数，误了我的军机大事，我要把你拉出去枪毙！"

铁蛋一听，吓了一跳，他哪想到做错一道题要受这么严重的处罚！急忙对胖总统说："总统，请原谅！刚才算得太急了，让我再想一会儿。"

胖总统一想，要是不让铁蛋算，又去找谁算呢？于是改了口气说："好，你回去再想想，想出来了马上告诉我！"

可怜的铁蛋回到自己的房间里，愁眉苦脸。他一下子哪能想得出来呢？这时要是有张老师来帮助自己"审"一"审"题就好了。哦，有办法了，小机灵不是给自己留了一台万能通话机吗！它到底灵不灵呢？

铁蛋赶紧取出通话机，把它打开，对着话筒低声而又急促地叫着："张老师——张老师，我是铁蛋，我是铁蛋！"

小机灵果然不骗人，铁蛋马上从荧光屏幕上看到了张老师和蔼的面容，同时从耳机里听到了张老师亲切的声音："铁蛋，我是张老师，你叫我有什么事吗？"

铁蛋急忙把自己碰到的难题一五一十地告诉了他。

铁蛋发愁地问："张老师，这是个什么题呢？怎么这么难算哪？"

张老师笑着说："铁蛋，这道题并不难呀，你不是已经想到它是一道除法题吗？你再想一想，怎样才能找到一个数，使得 91、112 和 140 这三个数，都能被它除尽呢？"

铁蛋本来就不笨，经老师一提醒，一下子就开了窍，他高兴地说："张老师，我想出来了，这是个求最大公约数的问题，我知道该怎么做了。"

铁蛋关闭了通话机，在纸上列出了求最大公约数的短除算式：

$$\begin{array}{r|rrr} 7 & 91 & 140 & 112 \\ \hline & 13 & 20 & 16 \end{array}$$

对啦，最大公约数是 7。

铁蛋高兴地去见胖总统："报告总统，我算出来了！您应该任命七名军官。"

胖总统不像一开始那样痛快，怀疑地问："铁蛋，你能保证，这七名军官不管去哪个军团，每一名军官所带领的士兵，都是一样多吗？"

铁蛋这回也不像一开始那样糊里糊涂，他满有把握地回答

说："胖总统，请您放心。这七名军官如果去 A 军团，每人统帅 13 名士兵；如果去 B 军团，每人统帅 20 名士兵；如果去 C 军团，每人统帅 16 名士兵。再也不会争吵了。"

胖总统认为铁蛋说得很有道理，又重新任命了七名军官去统帅 B 军团。

在胖总统急需委派出军官的紧急时候，铁蛋帮助他作出了正确的决定。胖总统心里很高兴，他对铁蛋说："我的数学博士，你算得真好啊！快来告诉我，你是怎样算的？假如我的三个军团的人数分别是 60 人、132 人、240 人，我应该任命多少名军官去统帅这三个军团呢？"

铁蛋又准确又迅速地写出了算式：

$$\begin{array}{r|rrr} 3 & 60 & 132 & 240 \\ \hline 4 & 20 & 44 & 80 \\ \hline & 5 & 11 & 20 \end{array}$$

然后向胖总统解释说："您看，在这三个数里，3 和 4 是它们的公约数。您要是委派三名军官或四名军官到这三个军团去，每个军官都能统帅一样多的士兵，它们都是这三个数字的公约数。"

胖总统说："我派去的军官人数最多应该是多少呢？"

铁蛋马上回答："这就是求最大公约数的问题了。公约数 3 乘公约数 4，$3\times4=12$，您最多可以派 12 名军官到这三个军团去，他们到了这三个军团中的任何一个军团，每个军官也都能带领到一样多的士兵。"

胖总统见铁蛋能告诉他派出军官的几种数字，认为铁蛋的学问真了不起，兴致勃勃地继续问：“铁蛋，如果我派 10 名军官去，行不行呢？我喜欢‘10’这个数字。”

铁蛋肯定地回答说：“不行。总统，除了 1，2，3，4，6 和 12 这六个数目，其他的数目都不行。”

胖总统有点不大高兴，追着问：“我不明白，为什么你说的数目就行，我说的数目就不行？你才是个博士，我可是个总统啊。”

铁蛋笑了。他学着张老师的口气，耐心地对胖总统解释说：“总统，我告诉你的那几个数目，都是求最大公约数时求出来的，不是随便想出来的。别的数目不是这三个数的公约数，谁说都不行。”

胖总统明白了其中的道理，又照着铁蛋教的求最大公约数的方法，自己出了几个题目试算了一下，果然很灵。当他算到假设三个军团的人数是 71，140 和 43 的时候，求来求去，没有求到公约数。

胖总统奇怪了，叫住铁蛋说：“铁蛋博士，你快看，在这几个数字中，它们的最大公约数是几呀?”

“1!”铁蛋在帮助胖总统的过程中，自己也变得聪明起来了，“1是所有正整数的约数。所以，当您碰到几个数字在一起而没有公约数的时候，它们的最大公约数就是1。”

“对！的确是1!”胖总统高兴地说，“要是碰到这样的情况，1就是我。我不管到哪个军团去，统统由我统帅，我就是全体士兵的总指挥。”

胖总统和铁蛋一边做题，一边议论，两人正谈得高兴，突然一名士兵跑来报告：“公安部长要求立刻见总统，有要事呈报。他说，我们矮人国的重要军事情报被偷走了。”

设计追捕特务

公安部长气喘吁吁地跑来报告：“三个军团的军事部署情报，全被长人国派来的特务偷走了。”

胖总统一听军事情报被偷走，非常生气。命令公安部长亲自追捕，要抓活的。

公安部长回答说：“长人国派来的特务十分狡猾，他并不急于出境，而是带着情报驾驶着摩托车，绕着大山底下的环形公路一圈一圈地兜圈子。他想把情况侦察清楚以后，再携带情报逃跑。”

胖总统问：“公安部长，你的摩托车和长人国特务的摩托车比较，谁的速度快?”

公安部长自豪地回答：“报告总统，当然是我的摩托车的速度快!”

“既然你的摩托车比长人国特务的摩托车的速度快，那你追上他，把他抓住，没问题。”胖总统把问题看得很简单。

“可是总统，”公安部长犹犹豫豫地解释，“我们是矮人国的人，个儿矮，力气小，比不得他们长人国的人，个儿高，力气大，只怕我单独和那个特务相遇的时候，打不过他。”

胖总统说：“这好办，我率领一支队伍埋伏在环形公路的交叉路口，你驾驶摩托车去追赶特务，在你单独追上特务的时候，先不要去惊动他。等你恰好在交叉路口追上特务的时候，再动手抓他，此时我再让预先埋伏在交叉路口的士兵支援你。”

公安部长认为这个办法很好，可是他又提出问题说：“总统，您知道我得绕几圈才能和特务正好在交叉路口相遇呢?”

总统回过头来问铁蛋说：“博士，你来帮助算算。特务绕山一圈 50 分钟，公安部长绕山一圈 40 分钟，他们同时从交叉路口出发，部长得绕几圈才能正好在交叉路口把特务截住?”

铁蛋眨巴着大眼睛想，上次遇到的军官带兵问题，我是用求最大公约数的方法解决的。这次追特务又该用什么方法来算呢？

胖总统见铁蛋总不出声，着急地在一边催促着："你倒是快算哪，晚了特务就跑啦！"

铁蛋没时间再想下去了，心想："反正得找出一个他们共同到达交叉路口的时间数，我还是用求最大公约数的方法算吧。"于是他列出了算式：

$$\begin{array}{r|rr} 10 & 40 & 50 \\ \hline & 4 & 5 \end{array}$$

铁蛋向总统报告："只需要用 10 分钟的时间，公安部长和特务就可以重新在交叉路口相遇。"

胖总统一听只需要用 10 分钟，于是下令叫公安部长马上去追。自己也急忙召集队伍，要求火速赶到交叉路口。谁知公安部长刚刚走到门口，就请求胖总统暂时停止前进。胖总统不耐烦地说："还不快点走！一共只有 10 分钟的时间，晚了就要耽误大事了。"

公安部长对铁蛋说："数学博士，你算得对吗？特务绕一圈要 50 分钟，我绕一圈要 40 分钟，10 分钟以后，我和他都在山路的什么地方？能在交叉路口相遇吗？"

"这……"铁蛋一听，对呀！他们都从交叉路口出发，10 分钟以后，两个人都还在半路上呢，怎么可能又在交叉路口相遇呢？他一时答不上来。

公安部长上下打量着铁蛋，悄悄对总统说："总统，铁蛋个头这么高，总在重要的时候算错题，他会不会是长人国派来的奸细?”

胖总统摇摇头说：“铁蛋博士是小机灵向我推荐的，我知道小机灵是好孩子，铁蛋当然也是好孩子，不会是什么奸细。铁蛋年龄小，也许学了算术不大会用。让他再给算一算。”他转过脸来对铁蛋说：“铁蛋，你再想想，看到底得用多长时间。”

铁蛋心里很难过，真后悔自己没有把算术学好，一碰到问题老是模模糊糊，“审”不清楚题，也就拿不准该用什么算法去做题。这回可来不及去问张老师了，只好学习着自己再分析分析。他想：前面派军官的问题，是需要找到几个数的最大公约数；而现在追特务的问题，是需要找到一个什么数呢？问他们各跑了几圈之后才能相遇？噢，对了……

张老师不是讲过这么一道题吗？两名自行车运动员在环形跑道上比赛，甲运动员绕一圈需要用 10 分钟，乙运动员绕一圈需要 12 分钟。两名运动员同时间、同地点、同方向出发，问需要用多长时间，两个人再一次在起点相遇？这时甲、乙运动员各转了多少圈？张老师说，这是一个求最小公倍数的问题。

现在，公安部长骑摩托车去追骑摩托车的特务，要求算出他们从交叉路口同时出发以后，转了几圈才能再在交叉路口相遇。原来我要找的不是它们的公约数，而应该是它们速度的共同倍数。为了节省时间，需要找出它们的最小公倍数来——哎，这不是求最小公倍数的问题嘛！

想到这里，铁蛋高兴地蹦了起来，忘记了矮人国房子矮，竟把脑袋撞出了一个大鼓包。

铁蛋还记得求最小公倍数的方法，他写了个式子：

$$\begin{array}{r|rr} 10 & 40 & 50 \\ \hline & 4 & 5 \end{array}$$

40 和 50 的最小公倍数是 $10 \times 4 \times 5 = 200$（分钟）。

这回，铁蛋充满信心地把计算结果交给了胖总统，并且给胖总统出主意说：“我们可以让公安部长先骑着摩托车趁着特务经过交叉路口的时候追上去。这时候，等于他俩都刚刚从交叉路口出发，200 分钟以后，公安部长正好转了 $200 \div 40 = 5$（圈），特务也正好转了 $200 \div 50 = 4$（圈），他们正好在同一时间回到了交叉路口。”

胖总统一面听，一面点头说：“200 分钟还差不多，200 分钟合 3 小时 20 分。我率领队伍到那里，埋伏好，时间足够了。”

胖总统亲自带着士兵埋伏在交叉路口。时间一分一分地过去，两辆摩托车也一前一后风驰电掣般地从自己埋伏的地点闪过，胖总统沉住气，一动不动。过了3小时20分钟，特务和公安部长果然同时到达交叉路口。公安部长将摩托车往路中心一横，长人国特务没有提防，他的摩托车被撞倒在地，两个人展开了激烈的搏斗。只见胖总统把手一挥，埋伏的士兵大喊一声，一拥而上，活捉了特务，搜出了被偷走的军事情报。

这次追拿特务，轻而易举地取得了胜利，胖总统高兴极了，又问铁蛋："这次你用的什么方法，算得这么准确？"

铁蛋喜滋滋地回答："报告总统，我用的是求最小公倍数的方法。"

胖总统又问："最小公倍数怎么求法，我也学一学。"

铁蛋列出求最小公倍数的短除算式，胖总统一看就乐了，咧开大嘴哈哈笑着说："博士呀博士，你这个方法不是和求最大公约数的方法一模一样吗？"

铁蛋说："算法是一样，可是求的目的不同，得数也就不相同。最大公约数是求几个数共有的最大约数，只取除式左边的商；而最小公倍数是求几个数共有的最小倍数，除了取除式的商以外，还得乘上这几个数的余数。刚才第一回我就是把这道求最小公倍数的题，当作求最大公约数的题去做，结果算错了，要不是公安部长提醒我，险些出事!"

胖总统也不再追究铁蛋第一次的错误，只是对铁蛋说："这算术可真有用啊！你回去把求最大公约数和最小公倍数这两类问题，好好总结一下，别再搞错了。总结清楚了，我也要学一学。"

忽然，北边鼓声咚咚，军号嗒嗒。原来是B军团击退了长人国的入侵军队，矮人国居民沿途欢迎士兵的凯旋，场面十分热烈。

晚上，铁蛋回到房间，想起自己这一阵在矮人国遇到的事情，又高兴又惭愧。高兴的是自己还真用算术帮助胖总统解决了几道难题，惭愧的是每次算题总要出点差错。其实题也并不算难，都只怪自己过去没好好学数学。于是他打开通话机叫到张老师，请他给自己补习数学。打那以后，从不间断。通过一段时间的学习，铁蛋长进很快。

一天晚上，铁蛋正在向张老师学习数学。突然，窗户上映出了两个长长的人影，铁蛋收起万能通话机问道："谁?"没人回答，再问一声，仍没人回答。只听得"哗"的一声，门被推开了，闯进来两个蒙面人，两支枪逼住了铁蛋："不许动!"

宴会上的考试

两个蒙面人用黑布蒙住铁蛋的眼睛，用枪逼着铁蛋，把他绑架走了。

当解开蒙在铁蛋眼睛上的黑布的时候，铁蛋一下愣住了。他来到了一个多么奇怪的地方呀！

宫殿高大得出奇，比矮人国的总统府高出一倍；宫殿两旁站立着的士兵，一个个又瘦又长，比胖总统的士兵几乎长出一倍。宫殿正中的宝座上，坐着一个人，很瘦，看不出他有多高，想必也矮不了。

铁蛋气愤地高声质问：“你是什么人？为什么绑架我？”

坐在宝座上的瘦长人先是一阵冷笑，接着说："这里是长人国，我就是长人国的瘦皇帝。过去我们攻打矮人国，由于他们的军官总是为了带兵不一样发生内讧，我们每战必胜，可以缴获大量的战利品。"说到这里，瘦皇帝生起气来，不由得提高了嗓门，"自从矮人国来了你这么个数学博士，矮人国的一切行动都有条有理，步调一致，害得我们第一次打了败仗！我派去的特务队长也被矮人国给活捉了。"

铁蛋说："那又怎么样呢？"

瘦皇帝皮笑肉不笑地对铁蛋说："既然你的数学那么好，我这儿解决不了的数学难题有一大堆。这次把博士请来，是想请你帮助算三道题。不过，请你记住，根据我国的法律，如果有一道题算得不对，我就立刻下令把你枪毙！博士，你看怎么样呢？"

铁蛋毫不畏惧地说："你们长人国无故侵犯矮人国，以强欺弱，以大欺小，我当然要帮助矮人国反抗你们的侵略！你有什么难题，尽管说出来吧！"

瘦皇帝说："好、好，你答应下来就好。给博士摆宴招待！"

瘦皇帝一声令下，碗、盘、杯、筷摆满一桌，奇怪的是什么菜也没有，里面全是空的。

瘦皇帝又下令："请皇太子！"不一会儿，只见两个卫兵领着傻呵呵的瘦太子走了出来。

瘦皇帝向外一招手说："上菜！"两个卫兵从外面抬进一个大笼子，笼子上面钉有木板，只能看见下面一圈空档。

瘦皇帝说："今天的宴会，请大家吃烤兔和烧鸡。这个大笼子里面装有兔子和鸡，一共是50只，请你告诉我，这里面共有几只兔子几只鸡？”

铁蛋一听，心想，瘦皇帝给我出鸡兔同笼的问题了。就问：“它们共有几条腿呢？”

瘦皇帝狡猾地笑了笑说：“还没数哩！”

铁蛋知道瘦皇帝要故意为难自己，便想了一下，对瘦皇帝说：“你不是说吃烤兔和烧鸡吗？请抬一个火炉来吧！”

瘦皇帝不知道铁蛋要干什么？就命令卫兵抬进一个火炉。铁蛋让卫兵把大笼子放在火炉上烤了起来。大家都觉得奇怪，一个个瞪大眼睛看着笼子。瘦太子觉得很好玩，跑到笼子旁边一个劲儿地往笼子里面瞧。

笼子底部烧得很烫，鸡都抬起了一只脚爪，个个“金鸡独立”。兔子也给烫得用后腿支撑着站了起来。

铁蛋对瘦太子说：“你数数，这下面一共有多少条腿？”

瘦太子认认真真地数了一遍，说：“不多不少，正好70条。”

铁蛋马上说：“一共有20只兔子30只鸡。”

瘦皇帝听了，马上命令：“卫兵，打开笼子，让瘦太子数一数。”

瘦太子站在笼子旁边，1，2，3，4……数完了兔子又数鸡，然后高兴地叫道："父王，真的，20只兔子30只鸡，一只不差！"

瘦皇帝只好让卫兵把笼子抬走。不一会儿，烤兔、烧鸡端了上来，大家动手吃了起来。

瘦太子坐在铁蛋的旁边，伸出大拇指说："铁蛋，你真不愧是数学博士，算得这么准，简直神了。你能告诉我是怎样算的吗？"

铁蛋说："你想想，火烤笼子的时候，鸡几条腿着地？兔子几条腿着地？"

瘦太子回答："鸡嘛……一条腿着地，兔子嘛……哎，两条腿着地。"说着就来了个"金鸡独立"，引得满屋人哄堂大笑，把瘦皇帝气得直哆嗦。

铁蛋问："如果从每只鸡和每只兔子中再减去一条腿，是不是只剩下每只兔子的一条腿了？"

瘦太子连忙答道："对！对！"

铁蛋说："刚才火烤笼子时，你数过了，共有70条腿。瘦皇帝告诉说，里面鸡兔共有50只。从70里面减去50，就好比把每只兔子和每只鸡的腿再减去一只。那剩下的不就是每只兔子的一条腿的数吗？也就是兔子的只数呀。因此，我先算出来兔子有20只，然后就知道鸡有30只。"

瘦太子高兴地跳着说："办法高，想得奇，又烤兔子，又烧鸡。让剩下的腿数和兔子的头数一样多，先求兔子再求鸡。"说着，不一会儿，就把一只鸡吃完了。瘦太子对瘦皇帝说："父王，我没吃饱，我还想吃。"

瘦皇帝对外面喊："再抬一笼子来！"只见卫兵又抬出一大笼子的鸡和兔来。

瘦皇帝对铁蛋说："这次你不能用火烤了，因为我要吃清蒸兔子和清蒸鸡，请博士再给我算算，笼子里共有几只兔子几只鸡？"

铁蛋问："它们一共有几只呢？"

瘦皇帝更加阴险地回答："不知道。"

铁蛋想：这回不让我用火烤了，而且不但没有脚数，连头数也不告诉我了。我得想个什么办法去算呢？他想了一下对瘦皇帝说："请给我一些青草和米粒，行吗？"

瘦皇帝没防备铁蛋会提出来这个要求，一时也猜不透他的用意，只得又答应了。

铁蛋不慌不忙，把青草放在笼子上面，把米粒撒在笼子底下。兔子闻见青草香，举起两只前腿扒在笼子上沿，后腿支撑着站立起来吃青草。而鸡呢，它们两条腿着地，忙着低头吃米。铁蛋让瘦太子数了一下腿数，有100条腿。

铁蛋把青草撤掉，又让瘦太子数了一下腿数，是150条腿。

铁蛋对瘦皇帝说："笼子里有25只兔子25只鸡。"卫兵打开笼子一看，又是一只不差！

瘦太子佩服地说："真神呀！又是一只不差！铁蛋博士，请你快告诉我，这次又是怎样算的呢？"

铁蛋说："放上米和青草以后，你数了有100条腿。这时兔子前腿扒在笼子沿上，每只兔子和鸡一样，只有两条腿站在笼子里。这样的100条腿是几只兔子几只鸡呢？"

瘦太子想了想说："这时的兔子和鸡都是两条腿，100条腿说明兔子和鸡共有50只。"

铁蛋夸奖瘦太子说："你说得对呀，这样我们就知道了笼里兔子和鸡的总只数了，是不是？"

"是的。"瘦太子学算术的兴趣给提起来了，他接着问："那你又怎样知道它们各自的只数呢？"

铁蛋对瘦太子说："后来我把青草撤掉了，兔子就四腿着地，你又数了它们的总腿数，是150条腿。150条腿比100条腿多50条腿，这50条腿是谁的呢？"

"是兔子的呀！"瘦太子清清楚楚地回答，"这时笼子里的每只兔子比刚才多了两条腿，50条腿正好是25只兔子的。"

"对呀，"铁蛋继续鼓励瘦太子，"你已经算出来了，笼里的50只兔子和鸡当中，有25只是兔子，还剩下几只鸡，你还算不出来吗？"

"25只鸡！"瘦太子拍着手欢呼起来，"对极了！对极了！铁蛋博士，你讲得真明白。我上了十年学，总念一年级，老师说我笨，父王说我没出息。要是我的老师也像你这样讲，我准能升级。”

卫兵又端上清蒸兔子和清蒸鸡，瘦太子一个劲儿地让铁蛋吃，铁蛋也不客气，美美地吃了一餐。

瘦皇帝看到这一情景，心中直生闷气，自己出的难题不但没考住铁蛋，反而叫他吃了个饱，气得一拍宝座说：“好！博士，今天就算你答出了我的第一道难题。明天你再来，我要考你第二道题。”

瘦皇帝说完便叫士兵把铁蛋带进了牢房。

夜明珠在哪只盒子里

第二天一大早，铁蛋被两名士兵带到瘦皇帝跟前。他看见桌子上摆着许多华丽的小盒子，小盒子上面编着1，2，3，4……的号码。没等铁蛋看清有几个盒子，瘦皇帝就让一名卫兵用一块绸缎把小盒子全都盖上了。

瘦皇帝说："铁蛋博士！长人国的国宝——夜明珠，就在这些小盒子中的某一个盒子里，这些小盒子从1开始编号。除去那个装夜明珠盒子的编号之外，把其余编号都加起来，再减去装夜明珠盒子的编号，刚好等于100。我问问你，夜明珠装在第几号盒子里？共有多少个小盒子？"

铁蛋一听可犯了难，既要求出装夜明珠盒子的编号，又要求

出小盒子的个数，这可怎么做呢？一犹豫，就没有答话。

瘦皇帝突然发出一阵怪笑，对铁蛋说："数学博士！怎么样，不会算了吧？我要做到仁至义尽，给你三天时间，到时候你回答不出来，可别怪我不客气。来人！把他押下去。"

铁蛋回到牢房，一边想一边在地上画着："盒子有多少个不知道，应该设盒子数为 x 个。夜明珠放在几号盒子里也不知道，应该设夜明珠在 y 号小盒子里。这样不就有两个未知数 x 和 y 了吗？应该先求哪一个呢？怎样列方程呢？"

铁蛋反复琢磨，怎么也理不出一个头绪来。不免又想起了张老师，刚抓起万能通话机，又转念一想，为什么不自己先凑一凑呢？于是铁蛋先把前面的 10 个号加在一起：

$1+2+3+4+5+6+7+8+9+10=(1+10)+(2+9)+(3+8)+(4+7)+(5+6)=11+11+11+11+11=55$。

这前 10 个号加在一起的和才是 55，铁蛋想，现在可以肯定，盒子不止 10 个。

那么，再加几个盒子呢？试试看。

铁蛋又把从 11 到 15 这 5 个号加在一起：

$11+12+13+14+15=(11+14)+(12+13)+15=65$。

这样从 1 加到 15，总共是 120，已经超过了 100。铁蛋想，看来夜明珠大概在前 15 个盒子里了，我在这个范围里面去凑凑。

夜明珠可能在哪号盒子里呢？120 比 100 多 20，根据题意，相加的答数应该去掉装有夜明珠盒子的号数，还得减去装有夜明珠盒子的号数，这两个数其实是一个数，因此，只要找到用 120 减去两个一样的数等于 100 就行。

啊！猜出来了，夜明珠应该在 10 号盒子里。因为从 120 减去两个 10，正好是 100！想到这里，铁蛋又高兴得跳起来了。

铁蛋这一跳不要紧，可把看守的士兵吓了一跳。士兵喝道："铁蛋，你要干什么？"

铁蛋对士兵说："快去告诉你们的瘦皇帝，他出的第二道题，我已经算出来了。"

士兵领着铁蛋来见瘦皇帝，铁蛋说："你出的第二道数学题，我算出来了。一共有 15 个盒子，夜明珠放在第 10 号盒子里。"铁蛋抢先一步将盖在桌子上的绸子刷的一下揭开，一数盒子正好是 15 个；铁蛋又拿起第 10 号盒子，啪地打开了盒盖，一颗光彩夺目的夜明珠显露出来。

瘦皇帝并不服输，他问铁蛋："你是怎么算出来的？"

铁蛋想，我当然不能告诉他是凑出来的，就说："我是用试验的方法求出来的。"

"试验法？"瘦皇帝哈哈大笑说，"我不承认它是算术，这纯粹是瞎蒙，是瞎猫碰见死耗子。你说不出计算的方法，不能算数。把铁蛋带下去。"

铁蛋坐在牢房里直发愁，瘦皇帝不承认试验得出来的结果。

用列方程解这道题自己又不会，怎么办呢？

忽然听见有人低声在叫：“铁蛋，铁蛋。”铁蛋一看，啊！原来是好朋友小机灵藏在角落里。铁蛋连忙背转身去挡住了士兵的视线，只见小机灵递过来一张折得很小的纸条，轻轻地说：“这是张老师让我带给你的。”

铁蛋接过纸条打开一看，上面写着：

$$1+2+3+\cdots+(x-2)+(x-1)+x$$

$$3+(x-2)=x+1$$

$$2+(x-1)=x+1$$

$$1+x=x+1$$

这是什么意思呢？铁蛋琢磨了一会儿，也就明白了。

三天的期限到了。铁蛋又被带到了瘦皇帝的面前，瘦皇帝幸灾乐祸地问："铁蛋，怎么样？不许蒙，你就算不出来了吧！"

铁蛋不慌不忙地说："我怎么算不出来呢？我设一共有盒子 x 个，设夜明珠放在 y 号盒子里。根据你出的题目，我可以列出以下的方程：

$$[1+2+3+\cdots+(x-2)+(x-1)+x]-2y=100。$$"

瘦皇帝打断铁蛋的话说："你在一个方程式中放了两个未知数，怎么解呢？"

铁蛋把小机灵带来的纸条上写的式子列了一遍，对瘦皇帝说："你看，根据这个式子，从 1 到 x 这几个连续数的和，可以归纳为以下的式子：

$$1+2+3+\cdots+(x-2)+(x-1)+x=\frac{x(x+1)}{2}。$$

把这个式子代到我刚才列的那个方程中去，得

$$\frac{x(x+1)}{2}-2y=100。$$

解得 $y=\frac{x(x+1)}{4}-50$。"

瘦皇帝两眼直直地盯着铁蛋追问："你解到这里，也还是两个未知数呀！"

铁蛋毫不畏缩，他清晰地回答："有了这样简化了的方程，我就可以根据题意对它进行分析。x 代表盒子数，y 代表夜明珠的盒子号数，它们都只能是正整数。这样我们就知道，$\frac{x(x+1)}{4}$ 必须是比 50 大的正整数，而且 $x(x+1)$ 必须得被 4 整除。"

“你说这个数到底是几呀?”瘦皇帝听得有点不耐烦了。

“你别急，我马上就能把它解出来。”铁蛋沉着地回答说，“x 和 $x+1$ 表示相邻的两个正整数，一个是奇数，另一个必定是偶数。如果 $x+1$ 是能被 4 整除的偶数，它只能等于 4，8，12，16，20……属于 4 的倍数；而 x 就只能相应地等于 3，7，11，15，19……这些数是差为 4 的奇数。如果 x 取这些奇数中小于 15 的数，比如取 $x=11$，则 $y=\frac{11\times(11+1)}{4}-50=-17$，$y$ 得负数，这显然不是我们要求的那个数；

如果 $x=15$，则 $y=\frac{15\times(15+1)}{4}-50=10$，$y$ 得 10，经过验算符合题意。

如果 x 取这些奇数中大于 15 的数，比如 $x=19$，则 $y=\frac{19\times(19+1)}{4}-50=45>19$，这表示 y 号小盒不在 19 个小盒子内，也不是我们要求的数。因此，在 x 能取的 3，7，11，15，19……

这些数中，大于 15 的，小于 15 的都不合适。只有 $x=15$ 才正合适。所以，由 $x=15$，$y=10$ 可知，一共有 15 个小盒子，夜明珠必定在 10 号小盒子里。”

铁蛋有条有理，层次清楚，一口气说完了解法，瘦皇帝大吃一惊，心想：“好厉害的铁蛋博士呀！”可他还是不甘心地说：“铁蛋，你虽然已经解答出第一道和第二道题，但是还有第三道题等着你算呢。明天你要是答不出来，我还是要判你死刑的。”

铁蛋正想答话，忽然发现瘦皇帝宝座下面有个东西一闪。铁蛋定睛一看，啊！原来是他来了。

瘦太子害怕打屁股

铁蛋在牢房里来回走着，他正琢磨着：明天瘦皇帝还会出什么题呢？

“铁蛋博士，铁蛋博士！”忽然听得牢门外有人叫他。铁蛋抬头一看，是瘦太子。铁蛋把手伸出铁窗，和瘦太子握了握手。

铁蛋问：“瘦太子，找我有事吗？”

瘦太子说：“好几天没看见你了，我真想你。你那天又烤兔子又烤鸡，可真有意思。我那天吃了一只烧鸡，又吃了一只清蒸兔子，不过……”说到这儿瘦太子突然低下了头。

“不过？你怎么啦？”铁蛋追问。

瘦太子很伤心地说：“我父王那天生气啦！说瞧人家铁蛋多聪明，才上五年级，就会做那么多数学题，埋怨我总念一年级，给他丢脸。第二天硬要我上五年级。你想，我上一年级都很吃力，上五年级更没门儿啦。我一道题也做不出来，昨天我父王打了我的屁股，把屁股都打青了，好痛呀！”

铁蛋同情地问：“瘦太子，你看我能帮你做点什么呢？”

瘦太子说：“只有你才能使我免于挨打。”说着从上衣口袋里掏出一张纸，递给了铁蛋。铁蛋一看，上面是几道四则算术题。

铁蛋说：“这几道题，我都可以教给你怎么做。”

“嗯，嗯，那很好，”瘦太子一边点头一边说，“还有口答题哪！老师问我：我和我父王年龄之和是67岁，之差是33岁，求我的年龄和我父王的年龄。”

铁蛋问：“你怎么答的？”

瘦太子说：“我把$67+33=100$算出来，再把$67-33=34$算出来。我告诉老师，我父王100岁，我34岁。老师说我算得不对，可是错在哪儿啦？”

铁蛋惊奇地问：“你父王哪有100岁呀？你也没有34岁呀？你应该都除以2。你父王是50岁，你是17岁。”

“对！对！我是17岁。为什么除以2就对了呢？”

“你和你父王的年龄之差是33岁，这说明你父王比你大33岁。如果把你的年龄加上33岁，就等于你父王的年龄，是不是？”

“是的。”瘦太子仍旧没明白，“可是老师没说我的年龄是几岁呀！”

铁蛋心想，这个瘦太子也真太糊涂，便把老师给他出的题意指出来说："老师虽然没说你的年龄是几岁，但是告诉了你，你的年龄与你父王的年龄之和是67岁呀。"

"对了，我的年龄在'和'里面哩！"瘦太子有点明白了。

"是呀！在你和你父王年龄的和67岁上面，再加上你和你父王的年龄的差，不正好等于你父王的年龄的二倍吗？"

"是二倍！"瘦太子这下子完全明白了，"所以 $(67+33)\div 2=50$（岁），当然是我父王的年龄。"

"那么，你自己的年龄又该怎么算呢？"铁蛋继续开导瘦太子。

"照你教给我的方法去做呗！"瘦太子这回可不再发愁了，"将我和我父王的年龄之和中，减去我俩年龄的差，不就是我的年龄的二倍吗？所以，$(67-33)\div 2=17$（岁），这就是我的年龄，一点不错。"

"你这样算是对的。"铁蛋进一步开导瘦太子，"不过既然已经知道了父王的年龄是50岁，你直接用 $67-50=17$（岁），就把你的年龄也求出来了，这样算不是更简单一些吗？"

"是更简单些。"瘦太子傻呵呵地笑着，心里真开心。他又问："铁蛋，老师还问了我一道题：我和我父王年龄之和是67岁，16年后，我父王的年龄恰好是我年龄的二倍。求我父王和我的年龄。你说这道题又该怎么算呢？"

铁蛋想了一下说："用67减去16再除以3，就是你的年龄。"铁蛋在地上写着：

$\frac{67-16}{3}=\frac{51}{3}=17$(岁)。

瘦太子问："为什么要这样算呢？"

铁蛋解释道："你想一想，这67岁中包括了些什么？包括你父王和你现在的年龄，对不对？"

"对！对！"

"你父王现在的年龄是你现在年龄的二倍再加上16。对不对？"

瘦太子连连摇头说："不懂，不懂。"

铁蛋一点一点分析题意说："再过16年，你父王增加16岁，你也增加16岁，对不对？"

"那当然了，他长一岁，我也长一岁。"瘦太子对这点不含糊。

"老师出的题说，要等到16年以后，你父王的年龄才是你的年龄的二倍，这说明你父王现在的年龄比你现在的年龄的二倍还多16岁，对不对？"

“对。”瘦太子点点头，“所以得用67－16。可是，铁蛋，不是说是年龄的二倍吗？你干嘛要用它来除以3呀？”

“又糊涂了不是。”铁蛋真耐心，“减出来的这个数字中，既包含有你父王对你的年龄的二倍，还包含有你自己现在的年龄在内，你说该除以几才对呢？”

“啊！加上我自己现在的年龄在内，一共是三倍，是得除以3。”瘦太子一明白就喜欢嘻嘻地笑，“铁蛋，我真高兴。你跟我这样一解释，我心里就清清楚楚；我父王一打我的屁股，我心里就糊糊涂涂。我父王真不好，他喜欢打人，有时还真要枪毙人哪！”

“他真有那样坏吗？”铁蛋问。

“嗯！”瘦太子承认。他向左右看了看，小声对铁蛋说，“你明天要留神点！我猜我父王非下毒手不可。”

铁蛋也小声回答说：“不要紧，我有朋友。谢谢你了。”

铁蛋说的“朋友”，就是昨天在瘦皇帝宝座下看见的“他”。瘦太子还想和铁蛋多说几句话，听见远处有人在喊他，只简单地对铁蛋说了声“谢谢”，就一溜烟地跑了。

鳄鱼池旁的斗争

一大早，瘦皇帝就把铁蛋领到一个大水池旁边。铁蛋探头往里一看，一条非常长的、张着血盆大口的鳄鱼正在水中游动。

“我现在给你出第三道题。”瘦皇帝指着鳄鱼对铁蛋说，“这

条鳄鱼的重量等于它本身重量的八分之五，再加上八分之五吨，请问我这条鳄鱼有多重呀？博士。”

铁蛋一听，噢！考分数啦，这我倒不怕。

铁蛋肯定地说：“鳄鱼重量的八分之五，再加上八分之五吨等于鳄鱼重量，要求鳄鱼有多重。这八分之五吨就该占鳄鱼重量的八分之三了。这是知道部分求全体，应该做分数除法：

$$\frac{5}{8}\div\frac{3}{8}=\frac{5}{8}\times\frac{8}{3}=\frac{5}{3}=1\frac{2}{3}(\text{吨})。$$

鳄鱼重量为一又三分之二吨。”

瘦皇帝又说：“我这条鳄鱼是条名贵的长尾巴鳄鱼。它的尾巴是头长度的三倍，而身体只有尾巴的一半长。已经知道它的身体和尾巴加在一起的长度是 13.5 米。问这条鳄鱼的头有多长？鳄

鱼总长有多少啊？”

铁蛋想了一下说：“可以想象着把鳄鱼分成几等份，头部算一份。由于尾巴是头部的三倍，尾巴就该占三份。”

瘦皇帝追问：“那么，鳄鱼的身体该占几份呢？你说。”

“身体是尾巴长度的一半，因此身体应该占$\frac{3}{2}$份。这样鳄鱼的总长是$1+\frac{3}{2}+3=5\frac{1}{2}$（份），其中头部恰好占一份。所以

$$\text{头长}=13.5\div\left(1+\frac{3}{2}+3\right)$$
$$=13.5\div\frac{11}{2}$$
$$=\frac{27}{11}=2\frac{5}{11}\text{（米）}。”$$

瘦皇帝突然转身逼近铁蛋，恶狠狠地问：“照你这么说，鳄鱼的头长是二又十一分之五米了？”

铁蛋刚想点头说“对”，只见昨天就躲在瘦皇帝宝座后面的小机灵，从瘦皇帝身后闪了出来，冲着铁蛋一个劲儿地摆手。

铁蛋灵机一动，反问瘦皇帝道：“你说对不对呢？”

瘦皇帝面带杀机，加重了语气，说：“铁蛋，我要是宣布说它不对，那就要判你的死刑了，你是不是死而无怨呢？”

铁蛋环顾四周，感到空气十分紧张，又想起瘦太子对自己的忠告，知道瘦皇帝的追问不怀好意。再加上小机灵直对自己摆手，显然自己刚才答得不对。他赶紧冷静地回顾了一下瘦皇帝给

自己出的那道题，猛地醒悟过来，明白自己的差错出在哪里了。他并不慌张，反倒微微一笑说："瘦皇帝，刚才我只不过是想试试你这个出题的人会不会算，和你开了个小小的玩笑。因为13.5米只是它身体和尾巴的长度，不包括头的长度，所以在求头长时，不能用$1+\frac{3}{2}+3$去除，应该用$\frac{3}{2}+3$去除才对。

$$
\begin{aligned}
头长 &= 13.5\div\left(\frac{3}{2}+3\right)\\
&= 13.5\div\frac{9}{2}\\
&= 13.5\times\frac{2}{9}\\
&= 3(米)。
\end{aligned}
$$

鳄鱼头长为3米，总长是$13.5+3=16.5$（米）。你说对不对呢？瘦皇帝。"铁蛋一口气说到这里，感到轻松多了。

瘦皇帝狠狠地说："你死到临头了，还开什么玩笑！我再问你……"

铁蛋打断了他的话："瘦皇帝，你还有完没完？怎么一问接着一问。"

瘦皇帝大声喊道："铁蛋，告诉你，这是最后一问了。我花了2500金币，买了这条鳄鱼和修了这个水池。如果鳄鱼的价格贵500金币，那么，修水池的费用就是总钱数的$\frac{1}{3}$；如果修水池费用少花500金币，那么，鳄鱼的价格就是总钱数的$\frac{3}{4}$。问买鳄鱼和修水池各花了多少钱?”

铁蛋这回不敢粗心大意，先用心算了一遍，然后说：“把总钱数加上鳄鱼贵出来的500金币，应该等于修水池费用的三倍，因此

$$修水池费用=(2500+500)\div3$$
$$=1000(金币)。$$

把总钱数减去500金币，剩下的钱数的四分之三就是鳄鱼价格。

$$鳄鱼价格=(2500-500)\times\frac{3}{4}=1500(金币)。”$$

瘦皇帝像个泄了气的皮球，无话可说。

铁蛋又说：“瘦皇帝，这道题你多给了一个条件，题目的后一部分条件完全用不着。只要知道修水池的费用为1000金币，从总钱数2500金币中减去1000金币，剩下的1500金币就是鳄鱼的价格。你是否知道，出数学题时，条件既不能多，也不能少。看来你对出数学题的起码知识还差一点儿哩!”

瘦皇帝本想多用一个条件去扰乱铁蛋的思路，没想到反被铁蛋奚落了一顿，他又羞又恼。只听得铁蛋理直气壮地问：“瘦皇帝，我已经解答了你出的全部题目，该放我回矮人国去了吧?”

瘦皇帝一阵狞笑：“我可爱的数学博士，你还想回矮人国?哈哈……实话告诉你吧，我从把你抓来的时候起，就从没打算过叫你活着回去。”

铁蛋问：“你身为一国之主，怎么能说话不算数呢?”

瘦皇帝狡黠地说：“铁蛋，我只是答应说，你如果能算出三道题，我就不枪毙你。我可没说过不把你拿去喂鳄鱼呀。来人！把铁蛋推进鳄鱼池里。”

跑来两个长人国士兵，抓住铁蛋就要往池子里面推。铁蛋一面反抗，一面大骂：“瘦皇帝，你这个大坏蛋，你绝不会有好下场!”

正在这万分危急的时刻，忽然听得一声尖叫：“住手，不许动!”大家一愣，只见小机灵拿着手枪站在瘦皇帝的身后，枪口正顶在瘦皇帝的腰眼上。

小机灵一面摇晃着小脑袋，一面笑嘻嘻地说：“我说瘦皇帝，你可真够坏的！人家铁蛋把三道题都答出来了，你还要害死他。对不起，我们是主持正义的，请你把我们俩送出边界。你胆敢说个不字，我食指一动，你就完蛋啦!”

瘦皇帝出乎意外，颤着声音问：“小机灵，你从哪儿来的?”

“我吗?”小机灵继续笑嘻嘻地说：“知道你对铁蛋不怀好意，昨天就躲在你的宝座后面了。铁蛋是我推荐他到矮人国去当数学博士的，我怎么能让你将他害死呢!”

瘦皇帝吓得全身发抖，无可奈何，连连点头说："我送你们出境，我送你们出境。"

瘦皇帝在前，铁蛋在后，小机灵用手枪顶着瘦皇帝。虽然旁边有大批的长人国士兵，但是他们谁也不敢动弹，眼睁睁地看着他们三人直奔边界走去，只有瘦太子躲在一个角落里，心中暗暗为铁蛋庆幸……

在回敦实城的路上

瘦皇帝把铁蛋和小机灵送到边界，眼睁睁地看着他俩回到了矮人国，气得咬牙切齿。小机灵又笑嘻嘻地向瘦皇帝一招手说："不用远送了，再见。"

小机灵对铁蛋说："瘦皇帝可能要派兵来追咱俩。"

铁蛋紧张地问："那怎么办？咱俩和他们拼吧！"

"不能蛮干！"小机灵一摆手说，"你先走，我有手枪，在后面保护你。你一听到枪声，就赶紧藏起来，别让他们发现。"

"不成，不成。我走得快，还是你先走。"铁蛋和小机灵商量着，"这儿离矮人国的首都敦实城有多远呀？咱俩最好能同时到达敦实城，一起去见胖总统。"

小机灵想了一下说："到敦实城的距离嘛，你算算吧：你每小时走 5 千米，我每小时走 3 千米，如果我比你早走 $1\frac{1}{2}$小时，咱俩就能同时到达敦实城，你说从这儿到敦实城有多远呢？"

铁蛋笑着说："我问你敦实城离这儿有多远，你也让我算题。算就算，我每小时走 5 千米，只要再知道能用多少时间到达敦实城，就能算出它们之间的距离。"

"不错，你接着算。"

"你比我早走 $1\frac{1}{2}$小时，在 $1\frac{1}{2}$小时里你走了 $3\times1\frac{1}{2}=\frac{9}{2}$

（千米）。可以想象为从一开始，你就在我前面$\frac{9}{2}$千米，到达敦实城我正好多走了$\frac{9}{2}$千米，因此，咱俩才能同时到达。”

“不错，你接着算。”小机灵还是这句话。

“我为什么能追上你呢？是因为我走的速度比你快。每小时快 $5-3=2$（千米），我是用每小时快出来的 2 千米来追补所差的$\frac{9}{2}$千米。这就求出了所用的时间：

$$\frac{9}{2}\div 2=2\frac{1}{4}(\text{小时})。$$

从这儿到敦实城的距离：

$$5\times 2\frac{1}{4}=11.25(\text{千米})。”$$

小机灵说：“对！就是 11.25 千米。”

铁蛋紧接着问：“你同意先走啦？”

“我先走？”小机灵一摇脑袋说：“没门儿。一个人单独走路多没意思。”

“对，我也不先走。我们俩一起走。万一瘦皇帝来追，我们就一同对付他们，好不好。”

“好。就这样。”小机灵痛快地答应。

走了不多时间，铁蛋突然“啊呀”一声，把小机灵吓了一跳。

小机灵问：“你怎么啦？”

铁蛋说："我的万能通话机不见了！"

"啊！你丢在哪儿啦？"

"可能丢在边界上啦！"

小机灵说："我陪你回去取一趟。"

铁蛋摇头说："你别去啦！我走得快些，耽误不了到敦实城的时间。"

小机灵没办法，只好说："你什么时候能追上我呀？"

铁蛋想了想说："你每小时走3千米，我每小时走5千米。我去边界，一去一返只需要$\frac{1}{2}$小时，在这$\frac{1}{2}$小时内你往前走了$3\times\frac{1}{2}=\frac{3}{2}$（千米）……"

小机灵打断铁蛋的话说："这相当于从这个地方算起，我在

你前面$\frac{3}{2}$千米，你追我。我与你的速度差是 $5-3=2$（千米/每小时），你追上我所用的时间是：

$$\frac{3}{2}\div(5-3)=\frac{3}{2}\div 2=\frac{3}{4}\text{（小时）。}$$

再加上你去边界所用的$\frac{1}{2}$小时呢，一共用$1\frac{1}{4}$小时你就能把我追上了。"

铁蛋又问："要是列个综合式来计算，你也会吗？"

"会呀！"小机灵回答，"时间 $=\frac{1}{2}+3\times\frac{1}{2}\div(5-3)=\frac{1}{2}+\frac{3}{4}$ $=1\frac{1}{4}$（小时），对不对？"

"对——呀！"铁蛋一面拖长着声音，一面用眼睛注视着小机灵，仿佛刚和小机灵认识似的，用夸张的口气说，"小机灵，没想到你的数学进步真快，又能出题考我，又能自己算题，不简单。"

"跟数学博士在一起，我能不长进吗？张老师也教我学数学哩！"小机灵说着，把手枪递给铁蛋，"你把它带在身上，别看枪小，威力可大啦。"

铁蛋赶回边境，顺利地找到了万能通话机，一点儿也没敢耽搁，原路赶回，又走了三刻钟，果然追到了小机灵。

小机灵问："铁蛋，路上没碰到瘦皇帝派来的追兵吗？"

铁蛋神气地回答："没有。我想他也没理由再来追我们。"

一路说着，他俩爬上了一座山。铁蛋突然弯下腰，双手捂着肚子，再也走不了啦。

小机灵着急地问：“铁蛋，你怎么啦？”

“肚子痛。”铁蛋皱紧了眉头。

小机灵说：“可能你刚才走得急了些。坐在这儿休息一下，我跑回敦实城请个医生来给你看看。”

铁蛋问：“从这儿到敦实城还有多远？”

小机灵回答：“多远我可说不清。只记得上次到矮人国来玩，我从这座山上以每小时 6 千米的速度下山，再以每小时 4.5 千米的速度走平路，到达敦实城共用了 55 分钟；回来的时候，以每小时 4 千米的速度通过平路，再以每小时 2 千米的速度上山，回到山上用了一个半小时，你算算从山上到敦实城有多少千米？”

铁蛋苦笑着说：“小机灵，真有你的！我的肚子痛得这么厉害，你还让我算这么绕人的问题。”

小机灵辩解说：“可是……可是这是当时的实际情况，那时我没去算它的距离呀！”

铁蛋坐在一块大石头上，有气无力地对小机灵说：“这样吧，我说你算，咱俩一起做。”

“行，行。你说我写。”小机灵

连忙答应。

“咱们列方程做，可以快一点。”铁蛋说，“前几天张老师教给我解方程的方法。设你下山用的时间为 x 小时，走平路用的时间就是$\left(\frac{55}{60}-x\right)$小时。从山上到敦实城的路程为：

$$6x+4.5\left(\frac{55}{60}-x\right)$$

再考虑往回走，设上山用的时间为 y 小时，走平路用的时间为（$1.5-y$）小时。由于从敦实城到山上和从山上到敦实城的路程相同，因此，可以列出一个方程：

$$6x+4.5\left(\frac{55}{60}-x\right)=2y+4(1.5-y)$$。”

小机灵问：“往下怎么做呀？”

铁蛋挠挠头说：“有两个未知数，需要两个方程才能解。现在只列出一个，另一个我列不出来了。”铁蛋翻来覆去地想，急出了一头汗。

小机灵也跟着一起着急。他对铁蛋说：“铁蛋，刚才你列出的那个方程，是从敦实城到山上和从山上到敦实城的路程相等。再想想，上山和下山，它们的路程也相等呀！”

“对！你提醒得好。”铁蛋一拍脑门儿说，“上山的时间和下山的时间虽然不一样，但路程是相等的。我可以列出另一个方程：

$$6x=2y$$。

由这个方程解出 $y=3x$ 代入前一个方程就能解出来了。”

小机灵按铁蛋说的在地上算起来：

将 $y=3x$ 代入第一个方程，得

$$6x+4.5\left(\frac{55}{60}-x\right)=2(3x)+4(1.5-3x)。$$

解出 $x=\frac{1}{4}$（小时）。

$$\frac{55}{60}-\frac{1}{4}=\frac{2}{3}（小时）。$$

小机灵说：“下山用了$\frac{1}{4}$小时，走平路用了$\frac{2}{3}$小时，这样就能算出从山上到敦实城的距离是：

$$6\times\frac{1}{4}+4.5\times\frac{2}{3}=1.5+3=4.5（千米）。”$$

铁蛋一听才4.5千米路，再加上已经休息了一会儿，肚子也不那么痛了，就站起身来说：“剩下的路不多了，别再去麻烦人家，咱们还是走回去吧！”

“好，我搀着你一点。”小机灵关心地说。

铁蛋和小机灵两个人手拉手往敦实城方向走去。忽然听得前面锣鼓喧天，敦实城到了！只见胖总统带着官员正在城门口等候迎接。

胖总统握着铁蛋和小机灵的手说：“你们辛苦了！”

重建总统府

胖总统在总统府举行盛大的欢迎会。胖总统首先致欢迎词：“今天，我们在总统府隆重欢迎铁蛋博士和小机灵从长人国凯旋……”

话还没讲完，忽听得地下发出一阵轰轰的响声，总统府的房子开始抖动，桌子、椅子东倒西歪，盘子、茶碗摔得一地，人们吓得手忙脚乱。铁蛋大声喊道：“地震！快跑！”

人们刚跑出去，“哗啦”一声，总统府倒塌了。敦实城在刹那间变成了一片废墟。胖总统坐在地上，抱头痛哭。

铁蛋安慰说：“胖总统，您不要难过，只要大家齐心协力，一定能建设起一座更加美丽的敦实城。”

一位秃头驼背的老人走到胖总统跟前，咳嗽了一声，对胖总统说：“咱们要尽快地把总统府建起来，得有个救灾指挥部。”他是矮人国连任四十多年的建筑部长。

胖总统听铁蛋和老建筑部长这么一说，精神振奋起来，立刻召开紧急会议，成立了救灾指挥部，研究建设总统府的方案。

建筑部长说：“依我看，原来的总统府设计就挺好，外形是正方形，坐北朝南，方方正正。占地面积也好算，等于它一条边的自乘，真是又好看，又好算。”

公安部长说：“过去的总统府，就那么一间正方形的大屋子。胖总统开会、办公、接待外宾都在那一间大屋子里，很不方便。

这次重建，如果还要建成老样子，我可不赞成。”

“你不赞成？”胖总统说，“那你看我们应该设计一个什么样的总统府才好呢？”

“嗯……”公安部长略微想了一下，“我设计了三间圆形的房子，一间是总统办公室，一间是外宾接待厅，另一间是会议厅。”

胖总统说：“好，总统府建成三间，就方便多了。”

建筑部长反问：“三间圆房子连在一起，中间再加上一条通道，像个什么样子？”

小机灵插话说：“像一串糖葫芦。”

“哈哈，一串糖葫芦！”建筑部长带着嘲讽的口吻说，“再说，糖葫芦的面积好算吗？”

公安部长瞪着眼，一时答不上来。

小机灵给公安部长解了围，他说：“这个面积倒也好算，圆面积公式是3.14×半径×半径。只要知道圆的半径，三间圆房子的面积就求出来了。”

可是胖总统却连连摇头说：“像个葫芦一样的房子，我可不想去住。”

外交部长又建议说：“总统府设计成梯形的也挺好，前面宽大，后面紧凑。”

胖总统也不同意说：“上哪儿去开会呢？”

几个方案讨论来讨论去，谁也拿不定主意。胖总统着急了，他对铁蛋说：“你倒是说说，建个什么样的总统府，才又好看又实用呢？”

铁蛋跟小机灵商量了一会儿，画了一张图给胖总统说：“您看这个样子好不好？前面是梯形，做外宾接待室；中间是正方形，做总统办公室；后面是圆形，做会议厅和宴会厅。”

胖总统连连拍手说：“这个设计结构新颖，我就要这样的总统府。”说着他又用手指了指圆形和方形相接的地方问：“这办公室跟会议厅怎么连接才好呢?”

小机灵又插进来说：“接在四分之一圆弧长的地方正好，这样就不会像串糖葫芦了。”

建筑部长皱起眉头对胖总统说：“总统，您得好好想想再作出决定，盖房子可不是件容易的事儿，这么复杂的图形，怎么计算它的占地面积呀!”

胖总统一听，也对，他马上问铁蛋说：“铁蛋，你能把它的面积算出来吗?”

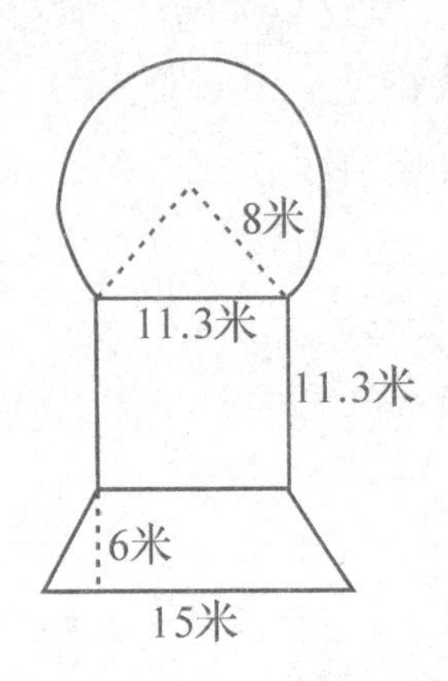

铁蛋毫不迟疑地回答：“这还不好算，它是由三个部分组成的，我只要把三个部分的面积都求出来，然后加在一起就算出来了。后面这个圆形会议厅的半径是8米，这样，它占地的面积就是……”说着，他在地上写了一个公式：

圆面积 $= 3.14 \times$ 半径$^2 = 3.14 \times 8^2 = 200.96$（平方米）。

铁蛋正准备继续算下去，建筑部长戴起老花镜看了又看，打断铁蛋的计算，指着图纸，问：“铁蛋博士，这个建筑的面积是一个圆吗？它比圆还差一块哪！”

铁蛋一看，傻眼了，可不，刚才为了好看，把总统府的方形办公室接在圆形会议厅上了，所以这圆形会议厅的面积就不是一个整个圆，也就不能按求圆面积的公式去计算了。这块面积怎么算才好呢？铁蛋正着急，只见小机灵在地上悄悄写了一个“分”字。

铁蛋猛地醒悟过来，对建筑部长说：“别急，我把它分开来计算。”说着，他将这个少了一块的圆分成一个三角形和一个扇形，“我先求三角形的面积，再求扇形的面积……”

“这个三角形面积怎么求哇？”建筑部长问。

“它是一个直角三角形。”铁蛋指着三角形的顶角，“它的面积等于：$8 \times 8 \div 2 = 32$（平方米）。”

建筑部长一点也不放松，紧追着问：“铁蛋，你能肯定它是一个直角三角形吗?”

小机灵忍不住了，说：“这条斜边，本来就是取的圆周长的四分之一所对的弦嘛，一个圆周角是360°，取它的四分之一，它的圆心角不正好是90°吗?”

建筑部长无话可说，只得说：“那，剩下的这一块大扇形，你也不好算哪!”

铁蛋说：“求扇形面积有公式……”话还没说完，铁蛋发现小机灵冲他直挤眼睛，马上改口说：“其实也不必查公式，剩下的那块大扇形，就是圆面积的四分之三。”

铁蛋将已经求出的圆面积200.96（平方米）乘以$\frac{3}{4}$，得出答数是150.72（平方米）。

建筑部长见几个问题都没有难倒铁蛋，有些气馁。铁蛋却信心越来越足，边说边算：“现在我量出来这个直角三角形斜边的长是11.3米，因此，正方形办公室的面积就是：

$11.3\times11.3=127.69$(平方米)

前面梯形的建筑面积是：

(上底+下底)×高÷2=(11.3+15)×6÷2

=78.9(平方米)。

新总统府的占地面积是：

$32+150.72+127.69+78.9=389.31$(平方米)。”

胖总统一看，对建筑部长说：“新总统府的占地面积和原来差不多大，我看就定下来吧。”

只见建筑部长勉强地点了点头，重建总统府的方案总算突破了老一套的建筑模式，铁蛋和小机灵正为此感到高兴的时候，突然看见建筑部长“咕咚”一声倒在地上。

胖总统以为建筑部长不同意这个方案，气得晕过去了，急忙说：“建筑部长，你要是不同意，咱们再商量。”奇怪的是，忽然又有几位部长倒在地上不省人事，这是怎么啦?

别让狮子追上了

建筑部长等几位官员倒在地上不省人事，急坏了铁蛋、小机灵和胖总统。

小机灵急忙从口袋里掏出万能通话机，和医学科学院的刘教授取得了联系。刘教授说：“请你们尽快地送一个病人来诊断一下。”

胖总统准备让铁蛋、小机灵和公安部长护送老建筑部长去医学科学院。

胖总统说：“我们有大、小两辆救护车。大救护车的车轱辘直径是1米，每秒钟最多转6圈；小救护车的车轱辘直径是0.5米，每秒钟最多转12圈。铁蛋，你看乘哪辆车去更快一些呢?”

铁蛋说：“乘小救护车吧，它的轱辘转得快，跑得一定快。”

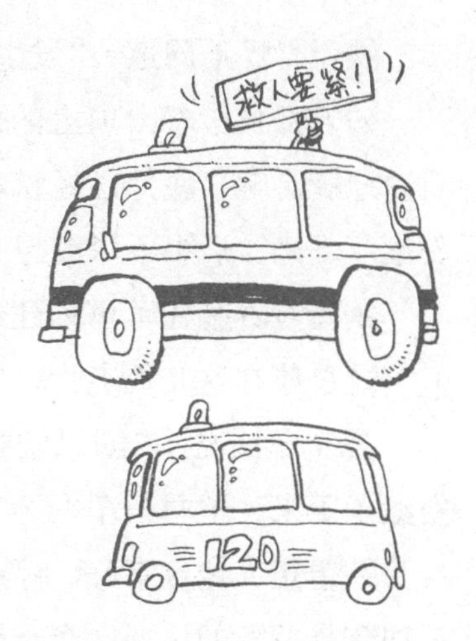

小机灵摇摇头说：“我看车轱辘大的跑得才快呢，转一圈跑的距离远，应该乘大救护车去。”

胖总统说：“还是算算吧，看看到底是哪辆车跑得快。”

铁蛋说：“我来算小救护车的速度。小救护车的轱辘一秒钟最多转12圈，每转一圈所走的路程，等于车轱辘的周长。

小救护车一秒钟所跑的路程是：

12×小车轱辘的周长

=12×3.14×小车轱辘的直径

=12×3.14×0.5=18.84(米)。”

小机灵说：“那大救护车的车轱辘一秒钟转6圈，大救护车一秒钟所跑的路程是：

6×3.14×大车轱辘的直径

=6×3.14×1=18.84(米)。”

胖总统说：“算了半天，两辆救护车的速度原来是一样的。那就随便开一辆，马上走吧。”

大家七手八脚地把建筑部长抬上了救护车，公安部长把车子开走了。当把车子开到离山脚下还有600米远的地方，公安部长突然把车子刹住了。

铁蛋奇怪地问道：“发生什么事了？”

公安部长指着山顶上的一块巨大的石头说：“你看，这块巨石受地震影响，底部已经松动了，我们的车路过山脚下，万一巨石滚落下来，后果不堪设想。”

铁蛋看着躺在车里的建筑部长，病情严重，着急地说：“我们不能总停在这儿不走呀，怎么办呢？”

公安部长说：“如果勉强开过去，万一开到半路，山上的巨石滚了下来，把救护车砸坏了，又怎么好呢？”

铁蛋想，走也不好，停也不好。现在只有一个办法，就是假设遇到最危急的情况，车子刚刚开动，而石头也正好在这个时候往下滚动，如果能够知道当汽车通过这600米距离的时间，和石头滚到公路上的时间各是多少，就可以决定是不是有把握安全通过了。

公安部长说：“解决这个问题比较容易。为了防止山石滚下来有可能砸车伤人，我们曾经对山石滚下来的时间进行过调查。”

铁蛋惊喜地说："这个调查太重要了，山石滚到公路上来的时间是多少呢?"

公安部长说："根据调查，一块大石头从山上滚到山脚下的时间大约需要一分钟。"

铁蛋点头说："好。刚才我们已经算出来了，救护车的速度是每秒钟18.84米，跑过600米的距离需要600÷18.84=31.85（秒）。而石头滚下来需要一分钟，这就是说石头滚下来，是不可能砸着救护车的。公安部长，你就放心开吧，没问题。"公安部长答应了一声，救护车继续前进。

不好！由于救护车发动机的震动，山上的巨石开始往下滚落。巨石带着碎石和震耳欲聋的响声，从山顶上往下越滚越快。公安部长全神贯注，紧紧握住方向盘，沉住气一个劲儿地往前开，30多秒钟以后，救护车终于冲过了危险区。当救护车又往前开出大约500米远的时候，只听得背后"轰隆"一声响，巨石砸在公路上，一块飞起的碎石落到救护车后面的玻璃上，玻璃被砸碎了。好险哪！救护车总算绕过了高山，开进了草原。

铁蛋看着美丽的草原，高兴地说："总算脱离危险了。"

公安部长说："你可别高兴得太早了，草原上的野兽多极了，有些野兽专追汽车……"公安部长的话还没讲完，只听见一阵可怕的吼声，原来有一群狮子向救护车追来。

铁蛋吓得忙问："公安部长，狮子追来了，这可怎么办？"

公安部长说："怕什么，咱们坐在车子里面，狮子伤不着咱们!”

铁蛋说:“你忘了,刚才不是把救护车的后窗玻璃给砸破了吗?”

公安部长说:“不要怕,只要救护车开出草原,狮子就追不上了。这儿离草原的边界大约还有 20 千米,狮子每秒钟能跑 20 米。你快来算算,在我们离开草原之前,狮子能不能追上咱们?”

铁蛋开始了紧张的运算:

20 千米 = 20000 米,

救护车每秒跑 18.84 米,它跑 20000 米的距离所需要的时间是:

20000 ÷ 18.84 = 1062(秒) = 17 分 42 秒。

狮子每秒跑 20 米,它跑完 20000 米的距离所需要的时间是:

20000 ÷ 20 = 1000(秒) = 16 分 40 秒。

算到这里,铁蛋神情有点紧张,对公安部长说:“狮子跑完这段距离需要的时间比救护车少 1 分零 2 秒,这就是说,在我们开出草原之前,狮子有可能追上咱们。”

小机灵是个木偶演员,他并不怕狮子,比较冷静,他提醒说:“铁蛋,狮子离咱们还有 1000 米,你算上了吗?”

“唉哟!我忘了加上这 1000 米了。”铁蛋感到有了希望,急忙又开始了一系列紧张的运算:

狮子跑完 1000 米需要 1000 ÷ 20 = 50(秒)。

铁蛋比较了一下时间,又说:“50 秒比 1 分零 2 秒要少 12 秒,还是狮子比救护车先跑完这段距离,它肯定能追上咱们。”

公安部长也有点沉不住气了，他急忙问：

“铁蛋，你倒是赶紧再算算，狮子将在多少时间以后追上咱们，也好有个准备。”

铁蛋算：“现在狮子比救护车落后1000米，狮子每秒钟的速度比救护车快 $20-18.84=1.16$（米），它需要多少时间能追上咱们呢？$1000\div1.16=862$（秒）$=14$分22秒。哟！只要再过14分22秒，狮子就追上咱们了。”

还是公安部长有经验，他吩咐小机灵说：“小机灵，拿出你的小手枪，盯住追来的狮子。”又递给铁蛋一根铁棒说，“铁蛋，你拿着这个武器，以防万一。我集中全部注意力来开好救护车。”

救护车飞快地在草原奔驰，狮子也紧追不舍。只见狮子离汽车越来越近，铁蛋连狮子瞪圆的眼睛都看清楚了。突然，一头雄狮扑了上来……就在这千钧一发的危急时刻，一阵猛烈的机枪子弹射了过来，狮子狼狈地逃跑了。

原来是医学科学院的几名大夫，怕铁蛋他们路上遇到危险，用直升机来接他们。

经过刘教授的治疗，老建筑部长的病很快就好了。刘教授又给矮人国的其他患者带了一批药品，他们回到矮人国，继续商量重建敦实城的工作。

铁蛋问胖总统："重建敦实城需要一大笔钱，上哪里筹备呢？"

"钱倒是有，可是我说不准它到底在哪儿？"胖总统并没把铁蛋当外人。

"这是怎么回事？自己的钱在哪儿能不知道？"铁蛋感到十分奇怪。

胖总统从内衣口袋里掏出一个包得严严实实的纸包，打开一层又一层的包装纸，最后拿出来一张已经发了黄的破旧纸片，十分小心地递给铁蛋，嘴里说："铁蛋，你看看这个，就能明白我说的意思了。"

铁蛋接过来一看，不但不明白，反而愣住了。

千洞山上寻宝

铁蛋拿起胖总统给他的破纸条一看，只见那上面写着：

宝物藏□一棵□榆□下。出总□府南门，往南走3□6米，看到一个土堆，再□南走□8□米，总共往南走9□□米远，就到了大□树下了。9个数字，是九大将之名。

铁蛋用疑问的目光望着胖总统，那意思是问："总统，你给我的这张纸条是什么意思呢?”

总统明白铁蛋的意思，指着这张纸条说：“前任总统生前为了防备长人国的进犯，把矮人国的全部财宝都藏在一个非常隐蔽的地方。这张纸条是他在临终前交给我的，告诉我这张纸条上面标有藏宝的位置，叫我不到急需的时候，不许动用。”

铁蛋问：“这么宝贵的纸条，怎么破成这样子啦?”

“唉!”胖总统叹了一口气说，“我怕把这张纸条丢了，整年放在贴身的内衣口袋里，谁料想被汗水浸成这个样子，现在连字都看不齐全了，可怎么办呢?”

小机灵忙安慰胖总统说：“你别着急，咱们一起研究研究，也许能看出点门道。”

铁蛋也说：“对！咱们研究一下。这条子上有些是文字，可以根据上下文琢磨出来，里面还缺了些数字，那也可以算一算，就是末一句话不好懂。”

胖总统说：“这句话我倒懂。从前总统府里有九员大将，他们作战勇敢，立过大功，前任总统尊敬他们，特地用 1 到 9 这九个数字为他们命名。这说明，算式里的九个数字，就是 1 到 9 。”

小机灵说："那就好办了。纸条上写得明白，出总统府南门，向南走900多米，就找到埋宝藏的大榆树了。铁蛋，你列个算式，咱们算算要走900几十几米。"

铁蛋立刻在地上写了一个算式：

$$\begin{array}{r} 3\square 6 \\ +\ \square 8\square \\ \hline 9\square\square \end{array}$$

老建筑部长挤上来一看，立刻说："这好算，百位数上肯定是3加6……"

公安部长没等他说完，就打断了他的话说："刚才胖总统已经解释说九大将的名字就是算式里的九个数字，九个大将有九个不同的名字，也就是说，每个数字只能出现一次，这个算式已经有一个6了，怎么会是3加6呢！"

铁蛋一拍脑门儿说："百位数上肯定是3加5，再从十位数上进1，加起来正好等于9。"

胖总统说："百位数上填5是对的，现在还剩下1、2、4、7这四个数，该往哪儿填呢?"

老建筑部长又说："要是把7填在个位数上，6+7=13……"

话音没落，公安部长抢着说："这也不对！已经有一个3了。"

老建筑部长瞪了他一眼说："我还没说完哩！6+7=13，不行；6+4=10，九个数字中没有0，也不行；6+2=8，8已经有了，也不行……"

还没等他说完，这边铁蛋已经算出了答案：

$$\begin{array}{r} 3\,\boxed{4}\,6 \\ +\,\boxed{5}\,8\,\boxed{1} \\ \hline 9\,\boxed{2}\,\boxed{7} \end{array}$$

铁蛋举着自己的答案高声说："我算出来的结果是这样，请大家看看对不对？"

大家一看，纷纷点头，都说，别看铁蛋年龄小，还是他算得对，又算得快。

胖总统这才一块石头落了地，眉开眼笑，对几位部长说："前任总统留下的财宝的地点总算算出来了，就在往南方向的 927 米处。咱们去挖财宝吧！"

说完，胖总统立刻带领大家向正南方向走去。走到 346 米处，果然看到一个土堆，又向南走了 581 米，刚好在一棵大榆树下停住了。大家动手，挖了足有 1 米多深，只不过挖出来了一个小铁盒子。

胖总统看了看这个小铁盒子心里直犯嘀咕，说："这么个小盒子能装多少财宝呀？"打开铁盒一看，大家又都愣住了。原来里面根本没有什么财宝，只装了一把钥匙和一张纸条。纸条上写道：

财宝藏在千洞山的一个山洞里。沿着南面山路上山，一边上山一边数洞，数到第 abc 个洞就用这把钥匙开门。a 是最小的质数，b 是最小的合数，c 是最大的个位数。

胖总统摸着脑袋说："千洞山我很熟悉，可什么是质数？最小的质数是几呢？"

铁蛋说："质数也叫素数，它是只能被1和本身整除的正整数。最小的质数是1。"

"那就是说，a代表的是1。那什么是合数？最小的合数是几呢？"建筑部长问道。

小机灵说："正整数中去掉质数，剩下的就是合数了呗！"

胖总统说："这么说，合数就应该是这样的正整数了，它能被1和本身整除之外，还能被其他正整数整除。"

铁蛋点点头说："对！1，2，3都是质数，最小的合数是4，4能被1，2，4整除。因此我们知道b代表4。"

胖总统看见铁蛋和小机灵果真有本事，问题解决得十分顺利，心里有说不出的高兴，拍着手说："好，a，b，c三个数字当中，我们已经知道了a和b代表的数字，现在就只差c了。c是最大的个位数——哦，这我知道，最大的个位数就是9呀！"

建筑部长这时也不再糊涂了，他抢先说："现在我们可以肯定地说，前任总统的财宝，就藏在千洞山的第 149 个山洞里面，是不是呀？"

公安部长白了他一眼，心里想，这又不是你算出来的，抢什么头功！胖总统并没有注意到这些，带领大家兴致勃勃地直奔千洞山的第 149 个山洞。

这时，来了一个士兵，凑在公安部长耳朵旁边悄悄说了几句话，公安部长就先抽身下山了。

好高的千洞山呀！山上布满了大大小小的山洞，大家沿着南面的山路上山，一边走一边数，数到第 149 个山洞的时候，胖总统赶快掏出钥匙准备开门，谁知大家进了山洞一看，都不禁惊呼起来，山洞空空，哪有什么门呀？

铁蛋忙问："这到底是怎么回事呀？是不是前任总统骗我们？"

"不会的！"胖总统肯定地说，"我们矮人国一向诚实，前任总统更是一个最诚实的人。是不是我们自己把数字算错了？"

大家低头琢磨着："错在哪儿呢？"

突然，铁蛋醒悟说："嗨！都怪我数学基本概念掌握得不好。1 不是质数。"

"为什么？"大家不约而同地问。

"老师曾经把质数比喻为组成合数的'砖'和'瓦'。任何一个合数都可以用几个质数的乘积来表示。如果不考虑乘数的先后次序，那么，这个表示方式是唯一的。这是一条算术基本定理。比如 6 = 2 × 3，9 = 3 × 3。如果把 1 算成质数，那么 6 也可以写作 2 × 3 × 1 或 2 × 3 × 1 × 1，这样一来 6 = 2 × 3 就不是唯一的表示方式了，重要的算术基本定理就会被破坏。所以，数学上规定 1 不是质数也不是合数，是一个特殊的正整数。”

小机灵也说：“铁蛋说得对，最小的质数应该是 2，*abc* 应该是 249，咱们还差 100 个洞哪。”

胖总统又来了精神，像啦啦队长一样鼓动他的部长们说：“各位部长，辛苦点，咱们接着爬吧！”

爬到第 249 个洞，大家又停住脚步。胖总统钻进洞内，果然看到一个小门。他用钥匙打开小门。啊！里面果真有许多装满了金银财宝的箱子。

胖总统信心百倍地说：“各位部长，这些财宝用来建筑敦实城是足够的了。不过，咱们还要节约使用。”

部长们都很同意胖总统的想法，正当大家兴高采烈地谈论这批宝物的时候，却见公安部长跌跌撞撞地跑了进来，一头栽倒在地上，胳膊上直往下流血，他说了一句：“不好了，长……”就晕过去了。

周密地布置防守线

经过大家紧急抢救，公安部长渐渐地苏醒过来，他喘着粗气向胖总统报告说：“不好了，长人国的瘦皇帝，得到了咱们正在寻找宝物的情报，派遣突击队偷袭敦实城来了。由于敦实城的防御工事在地震时都被震塌了，我只得带领一部分士兵跟他们展开巷战。长人国突击队的火力太强，我们边战边退，到了这里。请您火速发兵，击退前来侵犯的敌人。”

胖总统一听长人国又来进犯，勃然大怒：“好一个瘦皇帝，

你在我们地震受灾的时候，又来抢夺宝物。乘人之危，实在可恶！”胖总统一挥手，果断地说，“准备反击！”便带着大家一溜儿小跑向敦实城奔去。

大家刚刚跑下千洞山，迎面跑来一名士兵向胖总统报告：“长人国突击队已经撤走，这是他们留给您的一封信。”

胖总统拆开信一看，只见上面写道：

矮人国胖总统：

瘦皇帝派我们到贵国取财宝，扑了一个空。请你把宝物准备好，改日我们再来取。

顺致

敬意

长人国取宝突击队

胖总统看完这封信，心里不由得打起鼓来，对部长们说：“我们应该怎样对付他们呢？”

公安部长说：“依我看，您必须派兵守卫敦实城。”

“对！”胖总统点头同意，“我命令，A、B 两个军团，沿敦实城旧城墙设防，每个军团值勤 12 小时，昼夜守卫，不得有误。”

老建筑部长接上去说：“胖总统，宝物先别运回敦实城，暂时存放在千洞山上，关于宝物的储藏地点，要注意保密。还要派兵守卫千洞山。”

“对！”胖总统又点头同意，“千洞山南面是大海，山势陡峭无路可上，用不着防守。我看，这守卫千洞山的任务，可交给公安部队。”

公安部长赶紧请示说：“总统，您认为我应该怎样设防才好呢?”

“你们就在北面沿着千洞山的山脚，设一道半圆形的防线。防守要严密，每隔 10 米就派一个士兵守卫。”

公安部长又请示：“您看要带多少名士兵呢?”

胖总统打开军事地图说：“地图上标明千洞山的直径是 280 米，你只要算出这个半圆的弧长有多少就行了。”

公安部长还在请示：“这个半圆的弧长又是多长呀?”

胖总统一向脾气较好，他也受不了啦！眼睛一瞪说：“这也问我，自己去算去!”

公安部长申辩说：“我是公安部长，只会派兵，不会数学，不给我算好了，我怎么派兵呀?”

胖总统没法，只得说：“找铁蛋博士去，数学上的事全归他管!”

铁蛋接上来说：“你们别争啦！现在哪有时间抬杠。咱们快算。这千洞山的直径是 280 米，半径就是 140 米了。半圆的弧长等于 $\pi\times$ 半径 $=3.1416\times140$。”

铁蛋正要算，小机灵出主意说：“铁蛋，这个算式里的圆周率是小数，计算起来太麻烦了，还不如用分数计算哩!”

胖总统听了，好奇地问：“什么？圆周率还有分数？我怎么没听说过?”

铁蛋自豪地说："这个分数是我们中国古代著名数学家祖冲之最先算出来的呀。当时，他算出圆周率可以用$\frac{22}{7}$或$\frac{355}{113}$来进行计算，后面的这个数值在3.1415926与3.1415927之间。咱们就用分数$\frac{22}{7}$来计算吧！"说着，铁蛋在地上算了起来：

$\frac{22}{7}\times140=440$(米)。

胖总统点点头说："用$\frac{22}{7}$来代替了3.1416确实是省劲多了。"

小机灵紧接着往下算："半圆弧长是440米。每隔10米站一名士兵，那么$440\div10=44$(人)，一共需要44名士兵。"公安部长知道了数字，答应了一声，火急赶下山去派兵去了。

过了一会儿，公安部长又满头大汗跑了回来，向胖总统报告说："算错了！我按照您的指示每隔10米站一名士兵，44名士兵怎么也不够呀！"

"缺几个人？"胖总统问。

"缺一个。"公安部长回答。

铁蛋听说，心想，这毛病出在哪儿呢？他又检查了小机灵的算法，恍然大悟，说："小机灵，你忘了。440除以10得44，就是说一共有44个空当。因为半圆弧的两个端点是一边要有一个把头的。这样44个空当需要44+1=45(名)士兵，才能把这条防线站满。"

小机灵听说，直不好意思，连连抱歉说："原来这和植树问题一样，将距离除以间隔以后，得数要加1才对。公安部长，我算得不准确，耽误你的军机大事了。"

公安部长尴尬地说："还好，还好，别的地方都守卫好了，只差一个人，补齐就行了。"

公安部长刚走，A军团司令又走上前来说："请胖总统指示，我们A军团去守卫敦实城，相邻两个士兵的距离要多远才合适？"

胖总统心里盘算着："敦实城是一座每边长900米的正方形城市，周长是4×900=3600(米)。哈，真巧！A军团有91名士兵，3600米的城墙，隔40米站一个士兵，恰好是90个空当，90名士兵再加1，正好91名！"

胖总统算定，马上对A军团司令说："你快去，相隔40米有一名士兵布防，你那儿是91名士兵，不多不少，正好！"

A 军团司令刚要走，铁蛋叫住他说："慢走！"又转过来对胖总统说："胖总统，您算错了。90 个空当只要 90 名士兵。"

胖总统惊讶地说："铁蛋，这里你怎么犯糊涂了。你忘了，刚才给千洞山山脚布防，你还说，算出空当以后要给这个数字加 1，派出去的士兵才能正好站满。我可给加上 1 啦！"

小机灵听了直乐，铁蛋忍住笑对胖总统说："胖总统，这次您可缺少一点分析了。守卫敦实城和守卫千洞山是两个问题。守卫千洞山，是沿着一条不闭合的线设防，一条不闭合的线有两个头，一头要有一个把头的士兵。因此，知道了总长度和空当的长度，要求士兵人数时，应该是：

士兵数 = 总长度 ÷ 空当长 +1；

当知道总长度和士兵数求空当长度时，应该是：

空当长 = 总长度 ÷（士兵数 -1）。"

"防守敦实城又有什么不同呢？"胖总统问。

铁蛋接着说："敦实城是个正方形，它是一条闭合的线，两头接起来了。当沿着闭合线布岗时，

士兵数 = 总长度 ÷ 空当长，

空当长 = 总长度 ÷ 士兵数。"

胖总统摇了摇头不吱声，铁蛋知道总统其实还不怎么明白。

铁蛋边画边说："举个例子就明白了。比如，8 个人沿 7 米长的直线站岗，每隔 1 米站一人，只有 7 个空当；而 8 个人沿周长 8 米的方形站岗，却有 8 个空当。"

胖总统恍然大悟，说："我明白了。闭合线等于把不闭合线

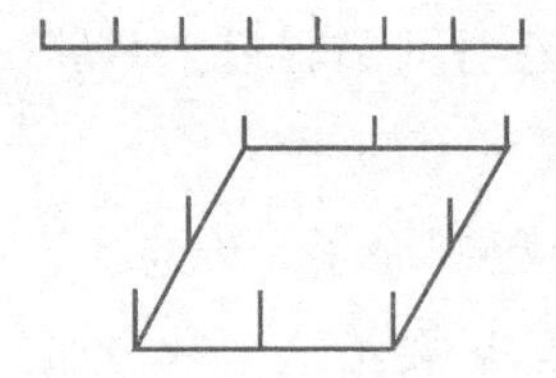

的两头接了起来，这一接可就省出一个把头的士兵了。好，多出来的那个士兵，就给A军团司令当通讯员吧！”

刚把A军团司令打发走，又走来B军团的一名大胡子司令，他报告说：“胖总统，我们B军团人多，共有140名士兵，就是按每隔36米站一名，守卫整个敦实城才要3600÷36=100(名)士兵，剩下40名士兵干什么呢?”

胖总统思索了一会儿说：“这样吧，地震时把敦实城内的通讯设备都震坏了，长人国偷袭时最可能从北门进来。我在敦实城中心坐镇指挥，城宽900米，从城中心到北门的距离是450米，B军团余下的40名士兵，从城中心到北门每隔11米站一名士兵，万一有什么紧急情况，我好通过这40名士兵，口头传达命令给守城的官兵。”

小机灵问：“40名士兵沿直线每隔11米站一个，只能站11×(40-1)=429米，余下的21米谁来站?”

胖总统说：“我是这样算的，有一名士兵既算守北门的，又算传达口令的最后一名士兵。一兵两用，这就相当有41名士兵了吧。”

铁蛋又说：“那也不够！还差10米呢。”

胖总统说：“这也不要紧，我是总统，也是士兵，我把着这一头站岗不就成了吗！”

大家听了，连连为聪明的胖总统鼓掌。

掌声未落，C 军团大鼻子司令匆匆上来，报告说：“胖总统，我们 C 军团怎么安排呀？”

胖总统说：“C 军团我早有安排。你们回去待命吧！”

突然，从敦实城方向传来阵阵枪炮声，胖总统喊了一声：“快！做好战斗准备！”

切实地加强兵力

打了一阵炮之后，长人国军队分三路开始进攻敦实城。胖总统用望远镜朝四周一看，只见一队穿着红色军服的士兵正进攻北门，一队穿着黄色军服的士兵对东门发起了进攻，另一队穿绿色军服的士兵已接近了西门，唯独南门没有动静。

一场激烈的战斗打响了，守城的矮人国士兵作战非常勇敢。在城里居民的配合下，将东、西、北三面的敌人全部击退了。

胖总统对司令们说：“为什么南门一直没有动静呢？我分析这里面必定有诈。因此我们必须摸清长人国军队的动向。C 军团司令听令：由你军团中挑选 20 名精明强干的士兵，组成四支侦察小分队，去弄清长人国的兵力部署，不得有误。”C 军团司令答应一声“是”，跑步去挑选士兵去了。

不一会儿，第一侦察小分队跑回来报告说，已经初步调查清楚，这次长人国向矮人国发起进攻的军队是由瘦皇帝亲自率领、统一指挥的。全军共分红、黄、绿、黑四个分队。

胖总统忙问：“总兵力共有多少？”

队长回答说：“正在侦察之中。”

胖总统下令：“继续侦察。”

第一侦察小队刚走，第二侦察小队押着俘虏前来报告，这个家伙不仅长得个儿高，还十分的胖。

胖总统问：“这个家伙是谁？”

“他是瘦皇帝的厨师。”

胖总统又问：“他知道瘦皇帝的兵力部署吗？”

士兵报告说：“已经审问过了，他说他是专管做饭的，不知道瘦皇帝的兵力部署。但是他从口粮分配上知道：红衣分队的士兵数占总士兵数的18%，黄衣分队的士兵数是红衣分队的$\frac{2}{3}$，绿衣分队的士兵数是红衣分队的$\frac{3}{2}$，而黑衣分队是特种部队，它的一切都保密。”

胖总统问铁蛋：“博士，你能算出长人国这四个分队各有多少人吗？”

铁蛋摇摇头说：“不成。要想算出四个分队各有多少人，或者知道总人数，或者知道某个分队的人数。现在什么都不知道，怎么求呀！”

胖总统搓着双手，着急地说：“这可怎么办？”正说着，第三侦察小分队押着一个穿红色军服的士兵走了过来。胖总统高兴极了，决定亲自审问。

胖总统一拍桌子问：“你快说！你们红衣分队有多少人？如果不说实话，我枪毙了你！”

这名红衣士兵战战兢兢地回答：“我……我们红衣分队有162名士兵。这……是真话。”由于过度紧张，这名红衣士兵竟晕过去了。胖总统一面命令派人把他送进医院抢救，一面催促铁蛋快算各分队人数。

有了红衣分队士兵的数字，铁蛋马上在地上列出式子进行计算：

红衣分队有162人，

黄衣分队有$162\times\frac{2}{3}=108$（人），

绿衣分队有$162\times\frac{3}{2}=243$（人），

总人数　$162\div18\%=162\times\frac{100}{18}=900$（人），

黑衣分队有$900-162-108-243=387$（人）。

胖总统一看这些数字，大吃一惊："黑衣分队有这么多人？博士，你没算错？"

铁蛋很有信心地回答："没错！"

小机灵看出胖总统不太相信的神情，接过来说："胖总统，让我用别的方法再算一遍，检查一下答案是不是一致。"

胖总统说："那好。你用什么办法来计算呢？"

小机灵说："我可以先把各分队所占的百分比算出来，再将铁蛋求出来的总人数放进去核算。"

胖总统还不太明白小机灵的意思，小机灵已经开始计算起来：

"红衣分队占总数的18%，

黄衣分队占$18\%\times\frac{2}{3}=12\%$，

绿衣分队占 $18\% \times \frac{3}{2} = 27\%$，

黑衣分队占 $100\% - 18\% - 12\% - 27\% = 43\%$。

如果铁蛋求出来的总人数900人不错，则：

红衣分队有 $900 \times 18\% = 162$(人)，

黄衣分队有 $900 \times 12\% = 108$(人)，

绿衣分队有 $900 \times 27\% = 243$(人)，

黑衣分队有 $900 \times 43\% = 387$(人)。

胖总统，你看，我用百分比求出来的人数和铁蛋算出来的一样，可见铁蛋博士算的没错。”

胖总统自言自语地说：“占总兵力43%的黑衣分队力量可不小哇！瘦皇帝把他们藏到什么地方去了呢？他想干什么呢?”还没有想出什么头绪，只听得枪炮声又起，长人国军队从东、西、北三面又开始进攻了。

第四侦察小分队从南面跑来：“报告！城南芦苇塘中发现芦苇有不正常的晃动，可能有长人国的部队埋伏在里面。”

胖总统立刻判断说：“对！一定是黑衣分队。瘦皇帝把57%的兵力分成三路攻击我们，是想把我们的注意力和部队都集中到东、西、北三面，然后用重兵从南边攻打我们，趁我们不备，要一举攻占敦实城。”

铁蛋和小机灵着急地问：“那可怎么办?”

胖总统说：“长人国兵多，咱们兵少，硬碰硬是不成的。我们必须组织一支精干的突击纵队，先消灭他的黑衣分队。”

胖总统在心里盘算了一下各军团的实力，然后通过步话机对C军团司令下令说：

“C军团大鼻子司令听着，我决定将你军团改组成一个突击纵队，火速去消灭长人国的黑衣分队。”

C军团司令回答说：“胖总统，恐怕不行吧，我军团有$\frac{1}{8}$的士兵是老弱士兵，他们怎么能参加突击战呢?”

胖总统说：“把这$\frac{1}{8}$的老弱士兵抽调出去!”

C军团司令更着急了：“胖总统，那更不行，少了$\frac{1}{8}$的士兵，战斗力更弱了。”

胖总统又果断地下命令说：“在剩下的士兵数上，我再给你军团补充50%强壮的士兵，加强你们的力量。”

C军团司令在步话机中又问：“那么，这样调整以后的我军团，兵力实际增加了多少呢?”

胖总统生气地想：真笨蛋！又转念一想，这也不能怪C军团司令，他打仗勇敢，对矮人国忠心，就是算术差一点，有什么办法呢！只得放下步话机对铁蛋说："你赶快给我计算一下，调整以后的C军团的兵力实际增加了多少？"

铁蛋摸着脑袋说："先减少$\frac{1}{8}$的老兵，在调走老兵的基础上，再补充50%的新兵，问实际兵力增加了多少。这个问题真绕人，该怎么算呢？"

小机灵在一旁说："铁蛋，我看这个问题不难算。减去$\frac{1}{8}$，等于减去12.5%；又增加50%，问增加多少，你由增加的50%中减去减少的12.5%得

$$50\% - 12.5\% = 37.5\%。$$

这37.5%不就是C军团实际增加的兵力吗？"

小机灵虽然说得头头是道，铁蛋却紧皱着双眉，一言不发，这情景可是少见。

小机灵催促着说："铁蛋，你说说我算的对不对呀？"

铁蛋摇摇头说："我觉得这样算不对。"

"不对！为什么不对？"

"张老师曾经叮嘱过我们，比较两个数的大小时，单看百分数的大小是不成的，还要看基数的大小。比如从1000人中抽出20%的人比从100人中抽出80%的人还要多。前一个20%有200人，后一个80%只有80人，这是因为前一个基数是1000，后一

个基数是100。基数不同，它的百分数所表示的实际数字，也就不一样了呀！”

小机灵不明白，他问：“你说的这个道理我懂，这和我的算法有什么关系?”

铁蛋说：“当然有关系了。我记得C军团原来的人数是112人。胖总统先从C军团中调出$\frac{1}{8}=12.5\%$的老兵，这里的12.5%，它的基数是112人，我们可以算出调出的具体人数是$112\times\frac{1}{8}=14$（人）。调走之后，C军团还剩下多少人呢?”

“还剩下$112-14=98$（人）。”

“对。胖总统再给此时的C军团增加50%的新兵，这里的50%，它的基数应该是98人，而不是112人了。12.5%的基数是112，50%的基数是98，它们的基数不同，你就用50%减去12.5%，把得到的37.5%作为增加的百分比，当然不对了。”

“那你说应该怎样算才对呢?”小机灵认识到自己确实是算错了。

铁蛋说：“要把调走和增加的具体人数先求出来。刚才已算出调走了14名老兵，C军团还剩98人，增加的新兵数是$98\times50\%=49$（人）。这增加的49名士兵中，应该减去14名士兵，补偿调走的人数，所以C军团净增的士兵是$49-14=35$(名)士兵，这35名士兵占C军团原人数的$\frac{35}{112}=0.3125=31.25\%$，也就是说，实际增加了 31.25% 的兵力，而不是 37.5% 的兵力。”

胖总统点头说：“嗯，还是铁蛋博士说得对。”于是拿起步话机把结果告诉 C 军团大鼻子司令。刚放下步话机，又想起一件事，就对铁蛋说：“我还计划充实一下 B 军团的兵力。我打算先从 B 军团调出 15% 的老兵，再给 B 军团补充多少名新兵，才能使 B 军团的兵力增加 30% 呢?”

小机灵说：“我来算一遍，看看我究竟懂了没有。我也先把具体的人数求出来：已经知道 B 军团有 140 人，兵力要增加 30%，就是增加 $140 \times 30\% = 42$(人)。但是还要从 B 军团调走 15% 的老兵，调走的老兵数是 $140 \times 15\% = 21$(人)，因此，需要补充 $42 + 21 = 63$(名)士兵才行。”

铁蛋说：“这次小机灵算对了。”

小机灵听见铁蛋夸他，咧开嘴正想笑，却又听见铁蛋说：“我有一个方法，可以算得简单些。”

小机灵很感兴趣地问：“你又有什么好办法呢?”

铁蛋说：“你想，胖总统决定从 B 军团调走 15% 的老兵，又要求 B 军团的兵力增加 30%，因此，实际上需要补充的兵力的百分比是 $(15 + 30)\% = 45\%$，具体人数是 $140 \times 45\% = 63$(人)，结果一样。”

小机灵看见铁蛋用这样的算法，不由得用疑惑的口气问：“铁蛋，你这次把两个百分数直接相加，不是和我刚才的计算方法一样吗?”

铁蛋说：“对呀！因为在这里，15%和30%都是对B军团原有的140人来说的，他们都是以140为基数的百分数，也就是说，它们的基数是一样的。基数一样，当然可以直接用百分数来相加或相减了。”

小机灵一拍脑袋说：“铁蛋，还是你的脑子灵，我的脑袋里面，就是缺一根弦，一下子没绕过弯来。”

铁蛋忙安慰他说：“小机灵，其实你是很聪明的，你只要加强一下审题的能力，就不会出错了。”

小机灵愉快地点点头。

胖总统得到铁蛋算出的数字，拿起步话机，命令B军团大胡子司令按照铁蛋计算出来的数字，调整和补充他那个军团的兵力。

一切准备就绪，胖总统召开紧急军事电话会议，A、B、C三个军团的司令官全都参加。胖总统通过电话下达命令说：“我决定集中优势兵力先消灭黑衣分队，这是一支最有威胁的分队。我命令：A军团负责守卫东、西、北三面，一定要坚守阵地。B军团和C军团组成突击纵队，分东西两路夹击埋伏在芦苇塘的黑衣分队，天一黑就出发。”说到这里，胖总统突然压低声音说，“要出奇制胜，我们必须……”

火烧埋伏的敌人

天黑下来了，B 军团和 C 军团的士兵背着枪、扛着炮，手里提着汽油桶，在胖总统的带领下，分东、西两路，悄悄地向芦苇塘靠拢。

突然，胖总统命令队伍停止前进。胖总统问公安部长："前几年芦苇塘曾经着过一次大火，你知道详细情况吗？"

公安部长从皮包里掏出一个笔记本查了一下说："那次大火烧了三天，第一天烧了整个芦苇塘的 40%，第二天又烧掉第一天烧剩下的 50%，第三天又烧掉第二天烧剩下的 60%。"

胖总统着急地问："三天把芦苇都烧光了吗？"

公安部长说："没有，最后还剩下 24 亩芦苇。"

B 军团大胡子司令凑过来说："公安部长，你记错了吧？40% +50% +60% =150%，已经大大地超过了 100% 了，怎么还会剩下 24 亩呢？"

公安部长听说自己记错了，瞪圆了眼睛，就要和B军团司令吵架。铁蛋赶紧过来解释说：“这三个百分数的基数不同，是不能相加在一起的。”

B军团司令还想争一争，胖总统连忙把话接过来说：“铁蛋博士，请你算一算，这个芦苇塘的面积总共有多大?”

小机灵说：“由于烧剩下的亩数是知道的，这个芦苇塘的总面积应该是能算出来的。可是，怎样才能用它把总面积算出来呢?”

铁蛋想了一下说：“关键是需要求出那剩下的24亩芦苇，占整个芦苇塘的百分比是多少?”

胖总统赞同地说：“对，有了这个百分比，用24除以这个百分比就能得到芦苇塘的面积了。可是，这个百分比又怎么求呢?”

铁蛋说：“我想应该从最初的40%入手，一层一层地往下推。你看：

第一天烧掉了芦苇塘的40%，还剩下60%；

第二天烧掉第一天剩下的50%，相当于烧掉整个芦苇塘的60%×50%=0.6×0.5=0.3=30%。

这样两天里面共烧掉了芦苇塘的面积的

40% +30% =70%；还剩下30%……"

小机灵看见铁蛋算到这里，心中豁然开朗，接上去说："下面怎么算，我全明白啦！胖总统你看：

第三天又烧掉剩下的60%，相当于芦苇塘的30% ×60% = 0.3 ×0.6 =0.18 =18%。

这样，三天里面共烧掉芦苇塘的

40% +30% +18% =88%，最后剩下的是：

100% -88% =12%。"

胖总统也豁然开朗，兴致勃勃地插上一句说："好了！有了这个12%，就可以求出芦苇塘的总面积了：

24 ÷12% =200（亩）。"

B军团司令看到这里，不由得暗暗惭愧，轻轻地嘘了一口气。公安部长也把这一切看在眼里，此时不便吵架，就没再顶他几句。胖总统更是因为军事情况紧急，顾不得去调解他们的小心眼儿，放低了声音说："咱们从芦苇塘的南北两面点火。芦苇塘南北一起着火，黑衣分队必然朝东西两个方向往外逃。我命令：公安部长负责点火，B军团把住东头，C军团把住西头，要尽量捉活的。"

好在公安部长与B军团司令都能服从大局，当前打退长人国的进攻第一要紧，大家答应了一声，就分头行动去了。

过了不一会儿，芦苇塘的南北两面着起了大火，火苗蹿起有一丈多高，芦苇烧得"啪啪"乱响。矮人国的士兵一面往芦苇上倒汽油，一面高喊“冲呀！杀呀！捉活的呀！”

埋伏在芦苇塘里的黑衣分队，原来以为自己隐藏在这儿神不知鬼不觉的，谁知芦苇塘突然起火，又来了许多矮人国的士兵，一下子就乱了套了。$\frac{2}{3}$的士兵朝东面跑，$\frac{1}{3}$的士兵朝西面跑，结果全中了胖总统的埋伏，不少人在突围中被活捉，只有一部分侥幸逃出了芦苇塘。

B 军团大胡子司令押着 129 名俘虏来向胖总统请头功，C 军团大鼻子司令押着 86 名俘虏也来向胖总统请头功。

B 军团司令得意扬扬地说：“我们活捉了 129 名俘虏，他们才捉了 86 名俘虏，头功当然应该是我们的了。”

胖总统点点头说：“对！”

C 军团司令脸涨得通红，他说：“不对！黑衣分队的士兵有$\frac{2}{3}$朝他们那头跑，只有$\frac{1}{3}$朝我们这头跑，当然他们捉俘虏的机会多了。我认为谁捉的俘虏所占的百分比高，就应该评谁的头功。”

胖总统点点头说："也对！"

B 军团司令冲着 C 军团司令傲慢地说："你准知道你们捉到俘虏的百分比，肯定比我们的高吗？"

"不信，咱们请铁蛋博士给算算呀！"

铁蛋推辞不掉，只好算了。

知道黑衣分队有 387 人，往东面逃的士兵有 $387\times\frac{2}{3}=258$（人），活捉了 129 人，占 $129\div258=0.5=50\%$；

往西面逃的士兵有 $387\times\frac{1}{3}=129$（人），活捉了 86 人，占 $86\div129=0.67=67\%$。

C 军团司令高兴地说："怎么样？还是我们捉的百分比高吧，头功是我们的！"

B 军团司令还要分辩，胖总统一摆手说："刚刚打完第一仗，还没把长人国军队击退，现在不是评功摆好的时候。我命令：B 军团向城东出击，C 军团向城西出击，与守城的 A 军团里应外合，消灭黄衣分队和绿衣分队。最后 A、B、C 三个军团共同进军城北，一举歼

灭红衣分队，活捉瘦皇帝，立刻出发!"

B军团司令和C军团司令立刻停止争论，各自整理好自己的队伍。在朦胧的夜色中，B军团和C军团兵分两路，像两支离弦的箭，向东、西两个方向奔去。

突然，敦实城的东、西两面，杀声、喊声、枪炮声，响成一片，一场激烈的战斗开始了。

胖总统带着铁蛋和小机灵，先来到城东督战。只见黄衣分队排成一个三角形队列，士兵们平端着枪，上好了刺刀，在有节奏的战鼓声中，迈着整齐的步伐，向B军团冲来。

B军团大胡子司令跑过来，请示胖总统如何打法。胖总统问："这个三角形队列有多少人?"

B军团司令说："这个……我去一个一个数数去。"

胖总统一拍大腿，说："给我回来！一个一个数，那还来得及？等你数完了，敌人也攻上来了。"

B军团司令无可奈何地说："那怎么办?"

铁蛋说："这样吧，你数一数这个三角形队列有多少行，我能很快地算出一共有多少人。"

"真的?"B军团司令拿起望远镜一边看，一边报数："1，2，3，4……13。一共13行。"

铁蛋立刻说："这个三角形队列一共有91人。"

胖总统和B军团司令惊讶地问："你怎么算得这么快?"

铁蛋说："你们注意到了吗？黄衣分队的三角形队列有个特点：第一排有1个人，第二排有2个人，第三排有3个人，依此类推，第十三排有 13 个人。”

胖总统点头说：“不错，是这么回事。往下怎么算呢？”

铁蛋继续说：“第一行与第十三行相加得 14 人，第二行与第十二行相加也得 14 人……这样一头一尾两两相加，共得出 6 个 14 再加 7，也就是 $6\times14+7=91$(人)。”

骄傲的 B 军团司令不得不表示佩服地说：“铁蛋，你这个方法比我一个一个地去数快多了。胖总统，我准备把 B 军团的 140 人分作两队，每队 70 人，猛攻三角形队列的两腰，打散他们的队形。只要队形一散，就不堪一击了。你看怎么样？”

“好！”胖总统说，“好主意，就这样干！不过，根据刚才收到的情报，这支由 91 人组成的三角形队列，只占黄衣分队的 84%，还有 16% 的人，作为他们的预备队，没有上阵，你要留神，防备他们抄你们的后路。”

“胖总统，你就放心吧！”B 军团司令拔出手枪，一溜儿烟地跑走了。

城东的艰苦战斗

B 军团司令亲自带领着他的军团，猛攻黄衣分队三角形队列的两翼。他原以为以自己那压倒优势的兵力，三下两下就能将黄衣分队的三角形队列打垮。没想到情况并不顺利，B 军团士兵将队列冲开一次，黄衣分队很快又合拢为三角形队列；再冲开一次，队列又合拢一次，冲来冲去，三角形队列始终没被冲散。

B 军团司令拎着手枪，气急败坏地跑了回来，气喘吁吁地对胖总统说：“今天也不知怎么了，这个三角形队列真怪，冲来冲去就是冲不散。怎么办?”

胖总统想了一下说：“根据我的经验，这三角形队列的 91 名士兵中，一定有一名指挥官。在他的指挥下，队形能始终保持完整。”

B 军团司令着急地问：“这名指挥官在哪个位置上，擒贼先擒王，我得先把他抓到手里，这个仗才能打下去。”

胖总统说：“我也说不准在哪个位置上，但是有一点我可以肯定，这名指挥官一定在三角形某个重要点上。数学博士，你说，三角形内哪个点最重要?”

铁蛋说：“应该是三角形的重心。”

B 军团司令不明白，他问：“重心！它在三角形的什么地方?为什么重心最重要?”

铁蛋找来一块薄厚均匀的硬纸板，剪出一个与三角形队列形

状相同的三角形 ABC。再找到 BC 边的中点 D，AC 边的中点 E。他又连接 AD、BE 相交于 O 点。

“你们看，AD 是 BC 边上的中线，BE 是 AC 边上的中线。这两条中线的交点 O，就是三角形 ABC 的重心。”说着铁蛋用食指顶着重心 O 点，把三角形放平。说也奇怪，这块三角形的硬纸板，竟很平稳地在铁蛋的手指上停住了。大家一起鼓掌说：“妙！妙！”

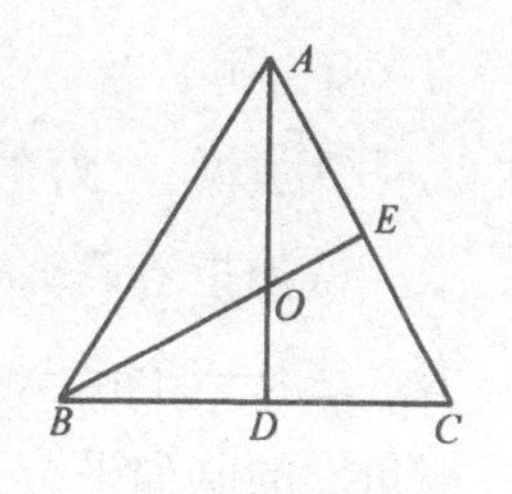

铁蛋问：“为什么支住三角形纸板的这个 O 点，三角形纸板就能水平地停在空中呢?”

小机灵最爱回答问题，以便随时检查自己的智力。他回答说：“这是因为，这块三角形纸板的重量，都集中到了 O 点这个位置上了。”

铁蛋点点头说：“小机灵回答得很对。任何一个三角形，都可以找到这样一个点，能把它的重量，都集中在这个点上，它叫做三角形的重心。对一块质量分布均匀的三角形纸板来说，它的重心就在这个三角形边的中线的交点上，也就是我刚才画的 O 点上。”

B 军团司令有点明白了三角形重心对三角形的重要意义，似乎找到了继续作战的关键，站起来边往外走边说：“嗯，这名指挥官一定在三角形队列重心的位置上，我这次先去抓他。”

“慢！”胖总统又一摆手，说：“这个三角形队列共有 91 人，你知道站在重心位置的那个人在哪里?”

“这个……”B 军团司令犹豫地停住了自己的脚步。

胖总统又对铁蛋说：“你能帮助 B 军团司令把这个三角形队列的重心位置找出来吗？这样，B 军团司令就可以制订他的作战方案了。”

铁蛋说：“好的，我们一起来找。”于是他画了一个三角形。

铁蛋指着△*ABC* 说：“黄衣分队的三角形队列每边都是 13 人，这是一个正三角形，在这个三角形中，*AD* 这条中线，必然将三角形的队列平分为 2，因此我们可以知道，这个家伙肯定是站在某一排队列正中的一个人。”

“可这个家伙究竟站在哪一排呢？”B 军团司令关心的是这个问题。

“我们现在就来找。”铁蛋说，“*AD* 是平分三角形底边 *BC* 的中线，重心 *O* 就在 *AD* 这条中线上。重心 *O* 和中线 *AD* 的关系是什么呢？它将中线分成两部分，从顶点 *A* 到重心 *O* 的距离 *AO*，恰好等于从重心到中点 *D* 的距离 *OD* 的二倍。”

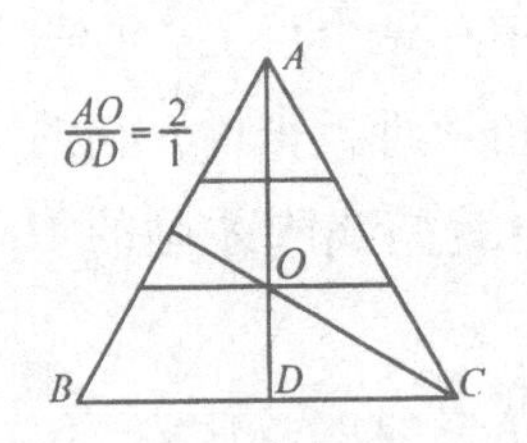

在场的人当中，只有小机灵对铁蛋的解释理解得最快，他立即补充说：“明白，这意思就是说，$AO:OD=2:1$。”

铁蛋接着说：“是的，这就是说，三角形的重心必定在中线上从顶点往下的$\frac{2}{3}$的位置。”

胖总统看着铁蛋画的图形，虽说不出道理，却也能明白其中的意思，说：“黄衣分队的三角形队列共有 13 排，它的$\frac{2}{3}$的位置，正好是$13 \times \frac{2}{3} =$……哎呀，得不出个整数，这个家伙站在第几排呢?”

胖总统一时傻了眼，铁蛋却不慌不忙地指点着说：“胖总统，您忘了，三角形的队伍虽然共有 13 排，但是它实际的距离只有 12 个间隔。”

胖总统点点头说：“我明白，和上次固守敦实城的战役中，布置防卫的士兵要加 1 的道理一样，这回是知道了排数，算距离就应该减去 1 才对。”

小机灵说：“这个家伙实际是站在第九排正中间呀!”

“对！第九排的中间那个人好找。我这次认准了，非把他逮住不可!” B 军团司令这回心中有数，信心百倍地拎着枪跑了出去。B 军团又一次向三角形队列发起进攻，枪声响成了一片……

过了一会儿，只见 B 军团司令押着一个高个子军官模样的人走来了。B 军团司令用枪一指说：“胖总统，这就是三角形队列的指挥官。”

胖总统立即下令：“既然把指挥官抓出来了，赶紧对三角形队列发起全面攻击。”

这一招儿果然奏效，黄衣分队失去了指挥官，B 军团一下子

就把三角形队列冲散了，再也合拢不起来了。黄衣分队大败而逃，城东的战斗胜利了。

城西打得更加激烈

胖总统与铁蛋、小机灵又火速赶往城西。城西打得更激烈，C 军团和绿衣分队一攻一守，胜败难分。

胖总统生气地问 C 军团大鼻子司令：“你们怎么还没有把绿衣分队打败?”

C 军团司令分辩说：“绿衣分队十分狡猾，他们的士兵一会儿排出正方形队列，一会儿排出长方形队列。人数也是一会儿多，一会儿少。他们真真假假、虚虚实实，总叫我们上当。”

胖总统教训C军团司令说："你不会先把他们的情况弄清楚了再打吗?"

C军团司令指着绿衣分队的队伍，为难地说："胖总统，你看，他们又排出三个长方形队列。谁知道这三个队列有多少人啊？谁知道我们要用多大的兵力去攻击他们啊?"

胖总统神气地说："可以算嘛！我这儿有数学博士，还怕算不出他们有多少士兵。铁蛋，你给C军团司令算一算。"

铁蛋也为难地说："什么数据也没有，我根据什么算呀?"

胖总统说："这好办！C军团司令，你快去捉一名俘虏来，把情况问清楚。"

"是!"C军团司令答应一声就快步跑了出去。

没过多久，C军团司令押来一个高个子俘虏。通过审问，知道他是绿衣分队的文书。这个文书供认，绿衣分队所站的各种队列中，都是每10平方米站有一名士兵。现在排出的这三个长方形队列，它们的宽都是6米。第一个长方形的长，比第二个长方形的长多$\frac{1}{3}$；第二个长方形的长，相当于第三个长方形的长的$\frac{9}{10}$；第三个长方形的长，比第二个长方形的长，多出5米。

C军团司令听得不耐烦，一跺脚说："这么乱!"

铁蛋说："乱不要紧，只要有关的数字不缺少，总可以从乱中整理出一个头绪来。俘虏说它们的宽都是 6 米，这不用算了，关键是把各个长方形的长求出来。"

"你怎么去求它们的长呢？又没有多少具体的数字。"C 军团司令着急地问。

"一层一层地去推算呀！"铁蛋已经变得越来越有耐心，思想也越有条理了。"俘虏说第二个长方形的长，相当于第三个长方形的$\frac{9}{10}$，由此我们可以知道，第三个长方形的长，比第二个长方形的长要多出来它自己的$\frac{1}{10}$。"

"这$\frac{1}{10}$是几米呢？"胖总统关心地问。

小机灵已经明白铁蛋解题的思路了，他说："俘虏还说，第三个长方形的长，比第二个长方形的长多出来 5 米，这$\frac{1}{10}$就是 5 米呀！"

"知道$\frac{1}{10}$是 5 米，下面不就好算了吗？"铁蛋说，"第三个长方形的长的$\frac{1}{10}$是 5 米，第三个长方形的长就是 $5 \div \frac{1}{10} = 5 \times \frac{10}{1} = 50$(米)；第二个长方形的长，相当于第三个长方形长的$\frac{9}{10}$，它的长就是 $50 \times \frac{9}{10} = 45$(米)。"

"还有第一个长方形的长哪!"C军团司令又提醒说。

"这也好算,"小机灵回答,"第一个长方形的长,比第二个长方形的长多$\frac{1}{3}$,应该是:

$$45+45\times\frac{1}{3}=45+15=60(米)。"$$

C军团司令高兴地说:"嗯,接下去我也会算了:

第一个长方形面积为$60\times6=360$(平方米),有36人;

第二个长方形面积为$45\times6=270$(平方米),有27人;

第三个长方形面积为$50\times6=300$(平方米),有30人。"

胖总统对C军团司令说:"应该集中力量攻击它最弱的地方,你带100名士兵火速攻击第二个长方形。"

C军团司令向胖总统敬了礼,刚要走,只见绿衣分队中绿旗一摇,队形立刻变了。又增加一些士兵后重新组成了一个正方形和一个长方形队列。

C军团司令马上又蒙了,忙问该怎么办。胖总统命令把绿衣分队的文书押来,让他认认这个队形。文书看着两个队形说:"长方形的周长和正方形的周长相等,都等于120米,而长方形的宽是长的20%。"

"这次我来算。"小机灵跃跃欲试,"正方形的边长等于周长的$\frac{1}{4}$,等于$\frac{120}{4}=30$(米)。正方形的面积是$30\times30=900$(平方米),因此,这个正方形队列中有90名士兵。"

铁蛋在一旁说："算得对！那长方形面积呢?"

小机灵摸摸脑袋说："长方形的面积嘛……长方形的长和宽都不知道，只知道宽是长的20%，这可怎么算呀?"

铁蛋说："可以把长看作100%，已知宽是长的20%，长和宽加在一起就是120%。长加宽正好等于长方形周长的一半，因此，长和宽的和等于$120\times\frac{1}{2}=60$(米)。"

小机灵接着算下去，他说："这就变成了已知整体求部分的问题，我知道怎么算了。

长等于$60\div120\%=60\times\frac{100}{120}=50$(米)，

宽等于$50\times20\%=10$(米)。

因此，长方形面积是$50\times10=500$(平方米)。"

C军团司令抢着说："这个长方形队列有50名士兵。"

胖总统宽厚地笑了，他对C军团司令下令，集中兵力攻击对方兵力比较薄弱的长方形队列。经过一场激烈的战斗，打垮了长方形队列；接着又打败了正方形队列。

绿衣分队的士兵一看大势已去，纷纷向城北逃跑了。

全力捉拿瘦皇帝

打败了绿衣分队，胖总统挥师北上，以 A、B、C 三个军团的兵力，团团围住了红衣分队。

胖总统召开三个军团司令会议，制订作战方案。胖总统说："这最后一仗，和前几仗可不一样。第一，红衣分队是由瘦皇帝亲自指挥的；第二，其他三个分队的残兵败将，全都聚集到这个分队，增强了红衣分队的力量；第三，这里离长人国近，不论是增援，还是突围都很方便。"

B 军团司令着急地说："咱们赶紧打吧！别让瘦皇帝溜了。"

"不摸清情况，不能乱动。"胖总统问 A 军团司令，"你知道现在红衣分队有多少人吗?"

A 军团司令从怀里掏出一份军事情报，大声念道："红衣分队原有 162 人；黑衣分队逃来的士兵数是红衣分队人数的$\frac{2}{3}$还少一个；把红衣分队的人数减去 2 再除以 5，恰好等于黄衣分队逃来士兵数的$\frac{2}{3}$；把红衣分队的人数乘以 3 再除以 2，比绿衣分队逃来人数的 3 倍少三个。"

B 军团司令嚷着对 A 军团司令说："你可真啰唆！你痛痛快快地说有多少人有多好。"

A 军团司令不慌不忙地说："我就只掌握了这些情报，究竟多少人，我也不知道呀！"

胖总统回头找铁蛋："数学博士呢？"

小机灵说："铁蛋收拾书包去了。他说等打败长人国军队，就要回去上学。"

胖总统说："博士不在，咱们自己算吧。除了红衣分队人数已经知道是 162 人外，剩下三个分队逃来的士兵数，你们三个司令每人算一个，算不出来以军法处治。"

三个司令你看看我，我看看你，都算不出来。

B 军团大胡子司令捅了一下小机灵，小声打听："小机灵，你说哪个分队的人数好算呀？"

“当然是黑衣分队的人数好算了。”

B 军团司令抢先一步说：“我来算黑衣分队逃来的士兵数。它既然是红衣分队人数的$\frac{2}{3}$还少 1 个，那就用 162 乘以$\frac{2}{3}$，再加上一个，不就算出来了嘛！”说着就列了个算式：$162\times\frac{2}{3}+1$。

小机灵拉了一下他的衣角，悄悄地说：“你怎么能加 1 呢？应该减 1。”

B 军团司令不服气，大声说：“他说黑衣分队的人数比红衣分队的$\frac{2}{3}$还少一个嘛！既然少一个，咱们给它补上一个，不就得了嘛！”

“嗨！这句话不是这个意思。人家说少一个，指的是得从红衣分队的$\frac{2}{3}$中再减少一个。”小机灵说。

B 军团司令摸摸脑袋，细琢磨了一下，才勉强地说：“噢！是这个意思。那减一个就减一个吧。反正多一个少一个，咱们照样能打败他们。这么说黑衣分队逃来的士兵数是：

$162\times\frac{2}{3}-1=107$（人）。”

小机灵就是认真，这才认可说：“这样算才对嘛。根本不是

什么能不能打败的问题。”

C 军团大鼻子司令不敢怠慢，赶紧说：“我来算黄衣分队的人数。从红衣分队中减去2，再除以5，恰好等于黄衣分队逃来士兵数的$\frac{2}{3}$。列个式子是：

$$(162-2)\div 5\times\frac{2}{3}=21.333\cdots\cdots$$

哟！怎么回事？人数怎么出现了循环小数了呢，那到底算几个人呀？”大家面面相觑，也都觉得奇怪。

“你算错了。不应该乘以$\frac{2}{3}$，而应该除以$\frac{2}{3}$才对。”大家回头一看，是铁蛋背着书包来了。

“为什么要除？”C 军团司令也不服气。

铁蛋解释说：“如果给你的情报是从红衣分队的人数中减去2，再除以5的$\frac{2}{3}$，等于黄衣分队的人数，你就可以用刚才的这个方法。”

“这里面有什么区别呢？”连小机灵也有点给绕糊涂了。

“请大家注意听着。”铁蛋因为自己想回去上学了，觉得留在矮人国的时间不多了，应该让矮人国的总统和司令官们自己能多解决一些数学题，便一字一顿地说，“可现在实际的情况是，从红衣分队的人数中减去2，再除以5，恰好等于黄衣分队人数的$\frac{2}{3}$。”铁蛋在最后这一句上加强了语气。他接着说，“为了表达清

楚这$\frac{2}{3}$指的是哪个数的$\frac{2}{3}$，我们可以把这段话写成下面的式子：

$(162-2)\div 5=\frac{2}{3}\times$黄衣分队的人数。

由此得出：黄衣分队的人数为

$(162-2)\div 5\div\frac{2}{3}=48$（人）。”

C 军团司令有点尴尬地笑道：“其实我没算错，都因为对题意没搞清楚。”

胖总统有点不高兴地顶了他一句说：“你不但要努力学好数学，还得提高点语文水平才能称职。”

C 军团司令臊了个大红脸。

A 军团司令眼看不能再拖了，壮着胆子说："最后该我来算了。好在数学博士已经来了，我就不怕了，错了请他帮助改正。刚才两位司令已经把黑衣分队、黄衣分队逃到红衣分队的人数求了出来，我来求绿衣分队的人数。关于绿衣分队，已经掌握的情报是……"

"把红衣分队的人数乘以 3 再除以 2，是绿衣分队逃来人数的 3 倍少三个。"胖总统把情报又复述了一遍。

"嗯，咱们一步一步地算吧。" A 军团司令边说边想，"把红衣分队的人数乘以 3 再除以 2，就是：

$162\times3\div2=243$（人）。

这 243 人是绿衣分队逃来人数的 3 倍少 3 个。嗯！3 倍还少 3 个，这儿应该是乘以 3 呢？还是除以 3 呢？"

铁蛋看出来 A 军团司令这次确实是开动了脑筋，在一旁略略提示说："如果是所求人数的 3 倍，应该是除以 3；如果它的 3 倍等于所求的人数，就应该乘以 3。"

A 军团司令说："好，我会算了。列出综合式是：$162\times3\div2=3\times$绿衣分队数-3

绿衣分队人数$=(162\times3\div2+3)\div3=82$(人)。

我算出来绿衣分队逃来的人数共有 82 人。铁蛋博士，你看对不对。"

铁蛋用张老师回答学生的口气回答说："很对。A 军团司令这道题完成得很好。"

A 军团司令不禁感到一阵高兴。

经过一番努力，终于有了正确的答案，胖总统愉快地和三军司令商谈说：“三位司令都分别把各分队聚集到红衣分队的人数算出来了，现在我也来算一道题，求聚集在这儿的总人数。他们共有：

162 + 107 + 48 + 82 = 399（人），再加上瘦皇帝，正好是 400 人！可咱们三个军团加在一起，也不过才只有 420 人，势均力敌。长人国的人比我们又高又大，这一仗怕不好打呀！”说到这里，胖总统又不免有点忧虑。

公安部长不以为然地说：“长人国连吃败仗，已成惊弓之鸟，不堪一击。胖总统不必过分担心。”

A 军团司令也说：“只要抓住瘦皇帝，他们不战自乱。”

“万万不可轻敌！”胖总统拿着望远镜登高一望，只见长人国军队排成每排 20 人，总共 20 排的一个大方阵，阵容整齐，气势轩昂。突然，站在方阵角上的瘦皇帝将手中的令旗一挥。大方阵立刻分裂成四个梯队，第Ⅰ梯队是 8×8 的方阵，第Ⅱ、Ⅲ、Ⅳ是一个套一个的拐角形阵。

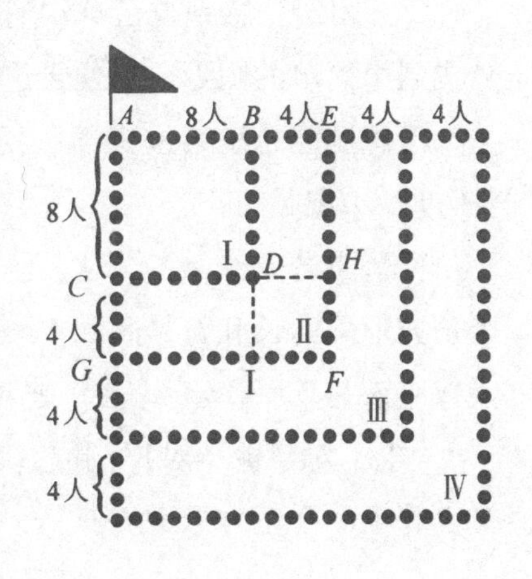

胖总统指着四个梯队说：“谁能算出每个梯队有多少人？”

B 军团司令抢先说：“Ⅰ梯队有 8×8 = 64（人），其他三个梯队由于两边都是四个人，它们人数必然一样多，都是：

(400－64)÷3＝336÷3＝112(人)。”

胖总统连连摇头说：“不可能，不可能。除第Ⅰ梯队是64人外，其他三个梯队的人数不可能一样多。”

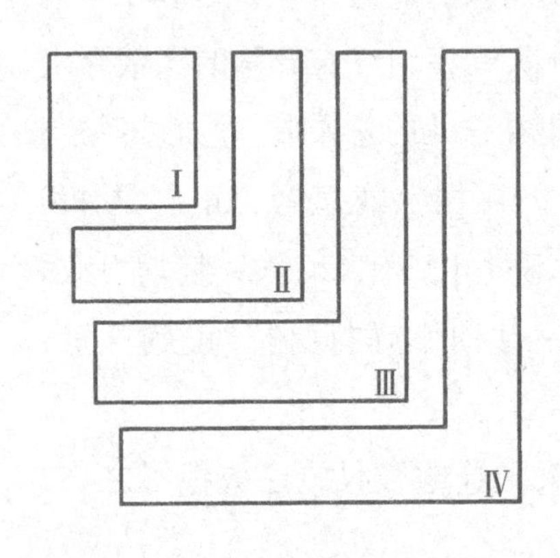

C军团司令上前行了个军礼说：“还是由我来算第Ⅱ梯队的人数吧！为了便于计算，我画了一个图形。你们看，第Ⅱ梯队的队形是*CDBEFG*这样一个拐角阵形。在这样复杂的队形里，人数是多少呢？我可以把它看成*BEFI*和*CHFG*两个长方形，这两个长方形的长和宽都是12和4，因此，每个队形的总人数是12×4＝48(人)，由两个长方形组成的Ⅱ梯队人数就是48×2＝96(人)。”

C军团司令感到自己这次有了很大进步，将一个复杂的队形分成两个简单的图形，以便于进行运算，难道这还不够巧吗！

没想到胖总统第一个摇头说：“不对，不对！你多算了一个正方形*DHFI*。”

A军团司令也说：“对，他是多算了一个正方形。应该是每个长方形阵的长和宽是8和4，其人数是8×4＝32(人)。Ⅱ梯队人数应该是2×32＝64(人) 才对！”

“也不对，也不对！”胖总统把头摇得更厉害了，说：“你呀，又少算了一个正方形*DHFI*。”

小机灵看他们算得那么费劲，忍不住说："应该这样算：一个长方形的长是12，宽是4；另一个长方形的长是8，宽是4，Ⅱ梯队的人数是 $4\times12+4\times8=48+32=80$（人）。"

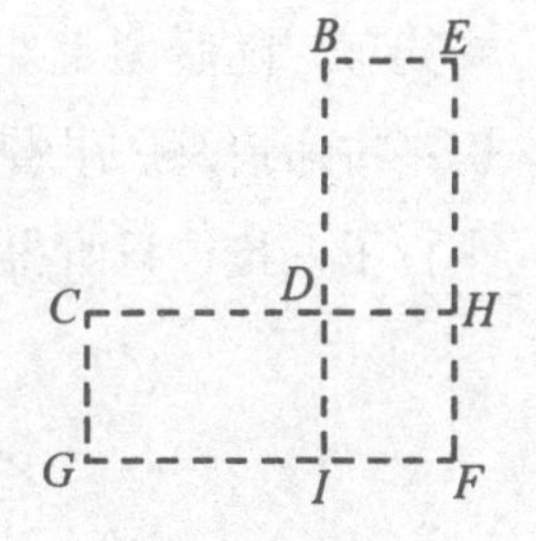

胖总统点点头说："唉，这才对哪！"

直到这时，铁蛋才插得进去话，他说："其实都不需要那么复杂。这四个梯队就是由原来的方形梯队拆开来的，我们可以把第Ⅱ梯队的人数，看作边长为12的正方形，再减去边长是8的正方形，这就简单多了：

$12^2-8^2=144-64=80$（人）。

同样，Ⅲ梯队是 $16^2-12^2=256-144=112$（人）；

Ⅳ梯队是 $20^2-16^2=400-256=144$（人）。"

三位司令在一旁啧啧称羡，都佩服铁蛋博士的算法确实要高上一筹。

胖总统说："很明显，Ⅰ、Ⅱ、Ⅲ梯队向外进攻，是为了掩护瘦皇帝带着Ⅳ梯队向北突围。咱们集中力量进攻Ⅳ梯队，活捉瘦皇帝。我命令：A、B、C 三个军团各留下50人分别牵制Ⅰ、Ⅱ、Ⅲ梯队。其余的人都跟我来。"胖总统一挥手，矮人国的士兵如潮水般地涌向Ⅳ梯队。

好一场恶战，从中午一直打到傍晚，Ⅳ梯队渐渐支持不住了。突然，从Ⅳ梯队中冲出一辆摩托车，飞快地向北驶去。

铁蛋眼尖，大声说："不好！瘦皇帝逃跑了。"铁蛋跳上一辆摩托车，随后紧追。瘦皇帝逃命要紧，慌不择路；铁蛋捉人心切，拼命追赶。眼看两辆摩托车越来越靠近了，突然，瘦皇帝回头打了一枪，只听得铁蛋“哎哟”一声。

在困难的时刻

铁蛋的胳臂中了瘦皇帝一枪，他忍着伤痛，继续开车追赶瘦皇帝。

离长人国越来越近了，铁蛋看见一辆吉普车从长人国方向飞快地开来，在瘦皇帝的摩托车前猛然停住。从车上跳下几个全身湿透的长人国士兵，其中一个士兵向瘦皇帝报告说：“瘦皇帝，大事不好了！野马河又发大水了，把咱们的首都给淹了。”

瘦皇帝忙问：“瘦太子呢?”

士兵哭丧着脸说：“由于大水来得太突然，大家各自逃命，瘦太子下落不明。”

瘦皇帝长叹了一声说：“唉！我三番五次地入侵矮人国，给人家造成很大损失。到头来，我自己却落了个家破人亡，我还有什么脸回长人国？”说完拔枪就要自杀。

突然，一只手伸过来抓住了瘦皇帝的手枪。瘦皇帝回头一看，原来是铁蛋追上来了，瘦皇帝羞愧地低下了头。

铁蛋说：“瘦皇帝，你能认识到自己的错误就好嘛，现在解救长人国的老百姓要紧。”

“对！要马上组织人力抢救长人国的老百姓。”瘦皇帝回头一看，说话的原来是胖总统，他带着三个军团司令和小机灵等也赶来了。

铁蛋对胖总统说：“给我一条救生船，我先去长人国查看一下灾情。”

瘦皇帝内疚地说：“可是，铁蛋，你的胳膊被我打伤了呀！”

“没什么，现在救人要紧，”铁蛋又问瘦皇帝，“这里离你们首都还有多远？”

“240 千米。”

公安部长已经弄来了一条救生船，他说："这条船在静水中航行，每小时速度是27千米，我刚才测出水流是每小时3千米，从这儿到长人国首都，是逆流而上。"

铁蛋说："咱俩马上一起去找瘦太子！"铁蛋和公安部长上了救生船，直向长人国首都开去。

胖总统问小机灵："博士什么时候能到达长人国的首都？"

小机灵说："需要算一算。"

B军团司令说："我会算。数学博士告诉过我，用路程除以速度，就得到所需要的时间，也就是：$\frac{240}{27}=8.9$(小时)，大约需要8.9小时，才能到达长人国首都。"

胖总统问："不对吧？刚才公安部长说，水流速度每小时3千米，你考虑水流的影响了吗？"

"这……"

C军团司令走过来说："还是我来算吧。去长人国首都是逆水行船，逆水行船时应该从船速中减去水速才行。$\frac{240}{27-3}=\frac{240}{24}=$

10（小时），正好等于 10 小时。

“那么，来回需要多少时间?”

C 军团司令现在心细多了。他在地上边写边说：“去时逆水行船，航行速度需要减去水流速度，需要的时间是$\frac{240}{27-3}$；回时顺水行船，航行速度需要加上水流速度，需要的时间是$\frac{240}{27+3}$，他们来回共用的时间是：$\frac{240}{27-3}+\frac{240}{27+3}$……”

C 军团司令列出式子，看看小机灵，小机灵点头，表示同意。C 军团司令接着就要计算。可是哎呀，C 军团司令没做过这样复杂的分式计算题，该怎么往下做呢?

C 军团司令灵机一动，心想，反正不过是加法，那还不是分子加分子，分母加分母，于是他就做下去：$\frac{240}{27-3}+\frac{240}{27+3}=\frac{240+240}{27-3+27+3}=\frac{480}{54}=8.9$（小时）。

“咦!”C 军团司令对着自己的答案又犯了疑心，“刚才我算得单去一趟的时间就是 10 小时，现在怎么一去一回的时间加在一起，总共才 8.9 小时呢？错在哪儿啦?”

小机灵强忍住笑说：“C 军团司令，你分数运算可学得一塌糊涂呀。分数加减法最重要的是通分，就是先要化成相同的分母之后，才能相加减呢。”

C 军团司令讷讷地说：“好像数学博士说过这事儿。”

小机灵看C军团司令还真不明白，就拿这两个分数分析给他看，说："你想，$\frac{240}{27-3}=\frac{240}{24}$这个分数的分母是24，而$\frac{240}{27+3}=\frac{240}{30}$这个分数的分母是30，这两个数的分母不同，怎么能把分子加在一起呢？"

"这点我算得不对。"

"再有，即使分母相同，两个分数相加减，也只能是分母不动，分子相加或相减啊！你怎么把分母也加起来了呢？"

"把分母加上怎么不行呢？"

"分数相加减，必须化成相同分母的分数相加或者相减，这时分母不动，只加减分子，这样得出来的数，才是分数的值。刚才你把分母的27+27，这得的是什么数呀？"小机灵尽量把道理说得明白一点。

"怪不得我刚才算出来回的时间，比单去一趟的时间还少，原来是将分母扩大了。"C军团司令说到这里，自己也感到好笑，"小机灵，你说该怎么做呀！"

小机灵说："一般遇到分母不同的分数相加减，应该用求最小公倍数的方法通分，使每个分数的分母相同，然后再加减它们的分子。不过，我们现在遇到的情况，分开来求省事些，$\frac{240}{27-3}=\frac{240}{24}=10$（小时），$\frac{240}{27+3}=\frac{240}{30}=8$（小时），铁蛋他们来回，需要$10+8=18$（小时）。"

胖总统说：“A 军团司令，你回敦实城运些救灾物资，等博士一到，咱们立刻给长人国送去。”

A 军团司令面有难色地说：“胖总统，咱们也刚刚遭受了一场地震的灾害呀！”

胖总统义正词严地说：“当别人有困难的时候，不能光考虑自己。”

“是！”A 军团司令答应一声，立即回去筹备救灾物资。

夜幕降临了，大家望着滔滔的河水，谁也没睡。

天亮了，忽然远处传来“父王、父王”的喊声。大家循声望去，只见铁蛋、公安部长带着瘦太子坐船来了。瘦皇帝和瘦太子父子相见，抱头痛哭。

A 军团司令也在这时把救灾物资运来了。

胖总统问 A 军团司令：“你运来的是什么物资？各有多少？”

A 军团司令报告说：“运来了馒头、大饼、面包、饼干共 1200 包。其中馒头 125 包，而馒头的包数相当于大饼包数的 25%，面包的包数比馒头多 64%，其余全是饼干。”

胖总统听到报告，啼笑皆非地说：“天哪！我的国家的公民本来数学就差，怎么每碰到一个问题都得算，连几种救灾物资各有多少包，都不能告诉我。铁蛋呢？铁蛋！”

只见铁蛋正靠在甲板的桅杆上打盹哩！公安部长体贴地向胖总统报告说：“这阵子铁蛋也够辛苦的，他受了伤，昨天一宿又没睡，到处去寻找瘦太子，他也还是个孩子……”

小机灵机灵地说：“铁蛋真够累的了，这题我能算。

馒头的包数相当于大饼包数的25%，这样，大饼有 $125\div25\%=125\div\frac{1}{4}=125\times\frac{4}{1}=500$(包)；

面包的包数比馒头多64%，面包有 $125\times(1+64\%)=125\times\left(1+\frac{16}{25}\right)=125\times\frac{41}{25}=205$(包)。

其余全是饼干，所以饼干有 $1200-125-500-205=370$(包)。”

胖总统问：“这些救灾物资怎么运到长人国去呢?”

只见满头白发的老建筑部长走上前来报告说：“我们已经派了两条运输船，专门向长人国运送救灾物资……”

胖总统又问：“每条船各运多少包，运几趟可以全部送到?”

老建筑部长回答说：“只知道这两条船载重相同，它们的运送次数之比是8∶7，至于两条船能各运多少包我可不会算。”

C军团司令凑过来说：“数学博士受伤了，我来帮帮忙。两条船运送次数的比是8∶7，也就是说，第一条船运了8次，第二条船就运了7次。那么，第一条船运了16次，第二条船就运了14次……”

B军团司令打断了他的话：“这样算下去，什么时候算到1000多包呀?”

大家都算不出来，只好还是请铁蛋来算。

铁蛋想了一下说：“两条船载重一样多，假设1200包食品能够15次运完的话，那么，第一条船运走了1200包的$\frac{8}{15}$，第二条

船运走了 1200 包的$\frac{7}{15}$，所以

第一条船运 $1200 \times \frac{8}{15} = 640$（包）；

第二条船运 $1200 \times \frac{7}{15} = 560$（包）。”

B 军团司令问：“这两条船果真得运 15 次吗？”

铁蛋回答：“不一定。”

“究竟各运了多少次呢?”

“由于不知道载重是多少，我算不出实际运多少次。”原来条件不够，铁蛋也算不出来。

胖总统体谅地说：“这不能怪铁蛋。既不知道救灾物资的总重量，也不知道每一艘的运载量，怎么算呀，没法算。好在已经知道每艘船各运多少包，就把物资按包数分给这两艘船，叫它们不停地运去吧。”

公安部长和建筑部长忙着去分配运到长人国的救灾物资。胖总统感到战事已经结束，双方都需要重建家园，更何况还有救灾的任务，于是他宽宏大量地说：“用救生船把瘦皇帝和瘦太子送回长人国，让他俩和大家一起抗灾自救吧。”

瘦皇帝万万没想到，自己身为矮人国的俘虏，胖总统对自己过去的侵犯和骚扰，不但不加追究，反而以德报怨，帮助自己找到了心爱的儿子瘦太子，调运了救灾物资，还送自己回国去救灾，不由得深深地受到内心的谴责。他两眼含泪，带着瘦太子向胖总统深深地鞠了一躬，说：“胖总统，今天你不把我当做敌人惩办，今后我也决不再向矮人国侵犯。瘦太子，你要记住，今后我们长人国和矮人国，世世代代都要和睦相处。”

瘦太子本来就对铁蛋有极大的好感，又不满意父亲的暴行，连连点头答应。

瘦皇帝又对铁蛋说：“铁蛋博士，你真好，又聪明，又勇敢，我邀请你再到我的国家来旅游一次，我一定按贵宾的礼节隆重接待。”

铁蛋也并不记仇，笑着答应说，有机会的时候一定去。

瘦皇帝领着瘦太子上船回国去了。

这时，胖总统满心欢喜，热情地邀请铁蛋博士和他一同回敦实城去，不料已经背着书包的铁蛋却对胖总统说："胖总统，我来矮人国的日子也不少了，我想爸爸、妈妈，想回家了；我还想张老师，我该回学校去读书了。"

胖总统含着眼泪说："铁蛋博士，你帮助我们矮人国普及了数学知识，打退了长人国的进攻，我真舍不得你走啊！"

铁蛋挥了挥手对胖总统说："胖总统，我只有小学文化程度，离数学博士还远着哩！这次我回去一定好好学习，争取当一个真正的数学博士。将来我再来看你们，也要去看看长人国的瘦太子。再见！"